ECLAIRCISSEM

SUR

L'ANALYSE

DES

INFINIMENT PETITS.

PAR M. VARIGNON,

Membre des Academies Royales des Sciences de Paris, de Londre, & de Berlin, & Professeur Royal.

A PARIS;

Chez ROLLIN, Quay des Augustins, à la descente du Pont S. Michel, au Lion d'or.

M. DCC. XXV.

AVEC APPROBATION ET PRIVILEGE DU ROY.

LE LIBRAIRE AU LECTEUR.

TOUT ce qui peut le plus faire estimer un ouvrage se trouvera dans celui-ci, l'utilité de la matiere, & la capacité de l'Auteur qui l'a composé.

Les succès du Livre de M. le Marquis de l'Hôpital sur l'*Analyse des Infiniment Petits*, les applaudissemens qu'il a reçus dans tous les lieux où les Mathematiques sont connues, l'usage que tous les plus habiles Geometres font du calcul differentiel dont il a donné les régles, sont des preuves indubitables de l'utilité de cette nouvelle Méthode, & nous exemptent d'en parler ici & d'en expliquer les avantages.

Pour ce qui est de M. Varignon, il faut ignorer jusqu'au nom de la Geométrie pour ne savoir pas les progrès qu'il avoit fait dans cette Science & principalement dans les nouvelles Methodes, & la réputation que lui ont acquise dans toutes les parties de l'Europe les excellens morceaux qu'il a donnés sur cela, & qui tiennent un lieu si considerable dans les Memoires de l'Academie des Sciences.

Avec cette habileté si profonde en ces matiéres & si généralement reconnue, il s'étoit appliqué pendant plusieurs années à lire & à examiner l'Analyse des Infiniment Petits de M. le Marquis de l'Hôpital, & il avoit recueilli avec beaucoup de soin tout ce qui lui étoit venu à l'esprit sur cela, & qui lui avoit paru capable de contribuer à la perfection entiere de ce Traité.

Comme j'avois connoissance de ce travail de M. Varignon avant la perte que fit l'Academie par la mort de ce grand Geometre, je me persuadai que je rendrois au Public un service important, & dont il me sauroit gré, si j'empêchois que ce Manuscrit ne passât après sa mort dans les mains de quelque particulier à l'utilité duquel seul il eût servi, ou qu'il ne rentrât dans l'obscurité de quelque cabinet ou de quelque Bibliothéque, d'où peut être il ne seroit jamais sorti, & si je l'acquerois à quelque prix que ce fût pour l'imprimer, & en faire présent aux Savans.

Quand j'en fus le maître, des Connoisseurs qui le virent, me confirmerent dans la pensée que j'avois eue & me pressérent de le faire paroître. Et depuis que l'on a été instruit du dessein que j'avois de le mettre en lumiere & que le bruit s'en est répandu, on m'a écrit plusieurs fois, & on me l'a demandé de tous côtés.

Il n'a pas tenu à moi que je ne contentasse plutôt les empressemens du Public : mais enfin le voici ce Recueil des méditations & des recherches de M. Varignon sur l'Analyse des Infiniment Petits de M. le Marquis de l'Hôpital. Je n'ai rien épargné pour ſeconder les ſouhaits du Public, & pour faire que l'édition repondît à l'excellence de l'Ouvrage; & j'oſe eſperer qu'on ne ſera à proportion gueres moins content de moi qu'on le ſera à coup ſeur de l'Auteur.

Il n'avoit point mis de titre à ſon Ouvrage. Il paroît qu'il avoit deſſein de l'imprimer en forme de Notes avec le Texte de M. le Marquis de l'Hôpital : mais comme l'Analyſe des Infiniment Petits a déja paru pluſieurs fois & en France & dans les Pays étrangers, qu'elle eſt très répandue, & que tous les gens du métier en ſont fournis, j'ai cru que je leur ferois plaiſir de leur épargner la dépenſe de l'acheter une ſeconde fois, & qu'il ne ſeroit pas moins commode de lire le Commentaire dans un volume ſéparé que l'on pouroit aiſément avoir devant les yeux en même temps que l'Analyſe qu'il éclaircit & qu'il explique, que de les avoir tous-deux dans un même livre.

J'y ai mis le titre d'*Eclairciſſemens*, le plus naturel & le plus ſimple qu'il m'a paru qu'on y pût donner. Ce ne ſont pourtant pas de ſimples Eclairciſſemens, ni des explications ſeulement des endroits obſcurs, ou difficiles de l'Analyſe, qui en facilitent l'intelligence aux Commençans. On y trouvera des Additions conſidérables, des Propoſitions nouvelles, des Problêmes ajoutés à ceux de M. le Marquis de l'Hôpital, des Regles, des Conſtructions, des Méthodes differentes trouvées par M. Varignon : mais soit Eclaircissemens, soit Additions, tout y paroîtra digne de ces deux grands Académiciens, tout y soutiendra la réputation de l'Auteur, tout y méritera l'attention des Geométres les plus consommés.

M. le Marquis de l'Hôpital, & M. Varignon étoient si unis ensemble & par les liens de l'amitié, & par la conformité de leurs goûts, de leurs études, de leurs sentimens sur ces matiéres, qu'ils ne faisoient presque rien qu'ils ne se communicassent l'un à l'autre, & que ces Eclaircissemens pourroient passer pour des Réfléxions de M. le Marquis de l'Hôpital lui-même sur son ouvrage, & qu'on pourroit en quelque sorte les appeller une nouvelle édition de l'Analyse des Infiniment Petits, revûe, corrigée, & augmentée par l'Auteur, ou du moins selon les vûes de l'Auteur.

Au reste l'on a suivi le Manuscrit de M. Varignon avec la derniere exactitude. On n'a rien voulu en retrancher, & l'on donne les choses mêmes qu'il n'avoit que jettées sur le papier pour les éxaminer, telles que la Remarque sur les tangentes, pag. 12, celles qu'il avoit changées ensuite, comme la Remarque sur l'Article 67, des Infiniment Petits, page 42, & celles qu'il avoit laissées imparfaites, comme la Proposition de la page 80, dont il n'a point fait la Démonstration.

On a suivi de même très soigneusement tous

les renvois qu'il avoit marqués, & l'on a rapporté chaque Eclairciſſement à l'article, à la page, & à la ligne qu'il avoit déſignés par ſon renvoi : en ſorte que ſi M. Varignon avoit préſidé lui-même à l'impreſſion de ſon Ouvrage, il n'eût pû être plus fidélement éxécuté.

On trouvera deux ſortes de Figures marquées aux marges, celles que M. le Marquis de l'Hôpital a données dans l'Analyſe des Infiniment Petits, & celles que M. Varignon à faites pour ces Eclairciſſemens & que l'on voit à la fin de ce Livre. Quand on renvoye à ces dernieres, c'eſt-à-dire, à celles de M. Varignon qui ſont à la fin de ces Eclairciſſemens, on s'eſt contenté de marquer le nombre de la Figure, par exemple, *Fig.* 1. *Fig.* 2. *Fig.* 3, *&c.* Et quand on veut indiquer celles de l'Analyſe des Infiniment Petits, on a ajouté au nombre de la Figure, qu'elle eſt de l'Analyſe des Infiniment Petits, en cette maniere, *Fig.* 3. *des Infin. Petits*, *Fig.* 12. *des Infin. Petits*, *&c.*

Quelque peine que l'on ſe ſoit donnée pour que ces Figures fuſſent exactement marquées, on n'a pu empêcher qu'il ne s'y gliſſât quelques fautes, qui ne peuvent néanmoins faire de confuſion par le ſoin qu'on a pris d'y ſuppléer. L'erreur eſt dans quelques uns des nombres qui marquent les Figures de M. Varignon, qui ſont à la fin du Livre, 1°. à la page 17, vis-à-vis la ligne 6, on a oublié de mettre à la marge *Fig.* 5. & à la page 24, vis-à-vis la ligne 20, de mettre à la marge *Fig.* 10. 2°. Depuis la Figure 31 jusqu'à *la* 36, on a mal marqué les nombres, & l'on n'a pu s'en appercevoir par la confrontation des Figures, parcequ'elles étoient alors chez le Graveur. L'on a remedié à ces inconveniens en deux manieres, 1°. Par un Errata. 2°. Sur les Planches mêmes en y marquant à chacune des Figures mal indiquées dans l'Imprimé, la page à laquelle elle se doit rapporter. Ainsi ces fautes ne peuvent causer le moindre embarras.

ECLAIRCISSEMENS SUR L'ANALYSE DES INFINIMENT PETITS.

Infiniment Petits, page premiere.

DE'FINITION PREMIERE.

TOUTE quantité qui gardant la même expreſſion, augmente ou diminue continuellement (*non per ſaltum*), eſt appellée *variable*; & celle qui, ſous la même expreſſion, garde la même valeur, eſt appellée *fixe* ou *conſtante*. Ainſi, lorſque dans une parabole on nommera chaque ordonnée, *y*; & chaque fléche ou coupée, *x*; & le paramétre, *a*: l'ordonnée & la coupée ſeront des quantitez *variables*; & le paramétre ſera une quantité conſtante.

Page 2. DE'FINITION II.

La *difference* ou *differentielle* d'une quantité, eſt l'accroissement ou la diminution instantanée de sa valeur. Ainsi la différence d'une quantité variable sera une portion indéfiniment petite, dont sa valeur augmente ou diminue continuellement ; celle d'une quantité constante sera toujours zero.

Page 2. SUPPOSITION PREMIERE.

Toute quantité qui n'est augmentée ou diminuée que d'une partie infiniment petite par rapport à son tout, peut être prise pour la même qu'elle étoit avant ce changement : *Mutatio indefinitè parva, mutatio nulla.*

Page 3. SUPPOSITION II.

Tout produit qui résulte d'une quantité indéfiniment petite par une autre quantité indéfiniment petite, est nul.

AVERTISSEMENT.

Pour faciliter ce calcul, en fixant l'imagination, on exprimera dans la suite les quantitez constantes par les premieres lettres de l'Alphabet : a, b, c, e, f, g, &c. (*excepté* d *qui servira de caractéristique aux différentielles*) ; *les variables par les dernieres lettres* x, y, z, &c. *& les différences de ces variables* x, y, z, &c. *par* dx, dy, dz, *&c.*

REMARQUE

Sur les differentielles des appliquées circulaires.

FIGURE I. SOIT un cercle *AEG*, dont le centre *C*, avec une courbe quelconque *LD*, dont les abscisses *AH*, & les appliquées circulaires *HL*, décrites du centre *C*. Si l'on en imagine deux *HL*, *hl*, indéfiniment proches l'une de l'autre, avec les deux rayons correspondans *CE*, *Ce* & *IO*, telle que l'on ait *RL . RO* :: *CR . hR*. Je dis que *OL* ſera la différence de cette appliquée HL, bl, c'eſt-à-dire, que $bl - HL = Ol$.

DÉMONSTRATION.

PUISQUE (*hyp.*) $CR . bR :: RL . RO = \frac{bR \times RL}{CR}$. L'on aura $bR + RO (bO) = bR + \frac{bR\ RL}{CR} = \frac{bR \times \overline{CR + RL}}{CR} = \frac{bR \times CL}{CR} = HL$. Donc $Hl - HL = Hl - bO = Ol$. Et par conſéquent Ol ainſi priſe, ſera la différence des appliquées circulaires bl, HL. Ce qu'il falloit démontrer.

COROLLAIRE.

Donc auſſi ayant $CE . CR :: Ee$, $Rl = \frac{CR \times Ee}{CE}$ & $CE . CR :: AE . bR = \frac{CR \times AE}{CE}$. L'on aura cette difference $Ol (Rl - RO) = \frac{CR \times Ee}{CE} - \frac{bR \times RL}{CR} = \frac{CR \times Ee}{CE} - \frac{AE \times RL}{CE} = \frac{CR \times Ee - AE \times RL}{CE}$.

SCHOL. On voit de-là qu'en fait d'appliquées circulaires HL, leurs différentielles ne ſont pas Rl; & que ces Rl ſe doivent toujours chercher par l'Analogie de $CE . CR :: Ee . Rl = \frac{CR \times Ee}{CE}$.

Mais il faut prendre garde que l'Analogie ſuppoſée de $CR . bR :: RL . RO$. ne rend pas LO paralelle à AC, comme on le pourroit peut-être penſer. Car ſi LO étoit parallele à AC, l'on auroit (en faiſant en R la tangente RT) $RL . RO :: CR . RT$, & non pas $RL . RO :: CR . bR$. Ce qui eſt fort different, puiſque bR & RT, étant (*hyp.*) finies; & par conſequent RT, étant plus grande que bR, d'une différence finie, la premiere RO ſeroit auſſi plus grande que la ſeconde, d'une différence de même genre qu'elles; & par conſequent plus grande qu'il ne faut, la ſeconde RO étant celle que requiert la démonſtration précedente. Donc LO ne doit point être parallele à AC.

Il est encore à remarquer que puisque la différence des appliquées circulaires *HL*, *hl*, est *Ol*, & non *Rl*, l'intégrale de *Rl* ne sera point *hl*, mais bien celle de *Ol*; c'est-à-dire, que $hl = \int ol$, & non $hl = \int Rl$. C'est aussi pour cela qu'en appellant *hl*, *z*; l'on aura $Ol = dz$, & non pas $Rl = dz$; ou si l'on faisoit $Rl = dz$, l'on n'auroit plus $hl = z$.

Page 3, II. Supposition, Art. 3.

PROPOSITION.

FIGURE II. *Soit une Courbe quelconque* ABF, *dont* AE *soit la tangente en* A, *de quelque Point* C *pris à discrétion sur la droite* AC; *soit une sécante quelconque* CE, *laquelle rencontre cet arc en* B, *d'où tombe* BD *paralelle à* EA, *avec la corde* BA. *Si l'on imagine la droite* CE *en mouvement autour du Point* C *vers* AC, *de maniere que* BD *&* BA *suivent ce Point* B *à mesure qu'il s'aproche du Point* A. *Je dis qu'à la fin la touchante* EA, *sa paralelle* BD, *l'arc* AOB, *& sa corde* AB, *se confondront & deviendront égaux entr'eux.*

DE'MONSTRATION.

De ce que l'on suppose *BD* par tout parallele à *EA*, l'on aura aussi par-tout *BD* . *EA* :: *CB* . *BE*. Or le mouvement qu'on suppose dans *CE*, la confondant enfin avec *CA*, aussi bien que les Points *B* & *E* avec *A*; les droites *CB*, *CE* se trouveront à la fin égales entr'elles. Donc à la fin les droites *BD*, *EA*, deviendront aussi égales entr'elles; & même encore égales à l'arc *AOB* & à sa corde *AB* qu'elles interceptent, avec lesquels elles s'appliquent & conviennent alors. *Ce qu'il falloit démontrer.*

COROLLAIRE.

Comme ce ne sont plus alors que des parties infiniment petites de *BD*, *BA*, *BOA*, *EA*; qui se confondent en une; il suit qu'une partie infiniment petite de quelque courbe que ce soit, peut être prise pour une ligne droite, & cette courbe pour un polygone d'une infinité de côtez.

Page 3, sur l'Art. 4.

PRINCIPE UNIVERSEL

Du Calcul des differences.

POUR prendre la difference de plusieurs quantitez quelconques, ajoutées, soustraites, multipliées ou divisées ensemble, dont l'artifice se réduit à substituer chaque quantité simple + sa difference en sa place : ensuite on fait à l'ordinaire l'Addition, la Soustraction, la Multiplication, ou la Division requise, de ces quantitez substituées ; après, qu'on retranche du résultat de cette operation, la grandeur proposée avec les termes nuls ; & ce qui restera sera au juste la difference cherchée. Par exemple :

DE L'ADDITION ET SOUSTRACTION.

Il s'agit de trouver la différence des quantitez $a + x + y - z$. Substituons chacune de ces quantitez avec sa différentielle à la place de chacune d'elles : sçavoir, $a + o = a$, $x + dx = x$, $y + dy = y$, $z + dz = z$; l'on aura $a + o + x + dx + y + dy + z + dz$, de laquelle somme, si l'on retranche la grandeur proposée $a + x + y - z$, il restera $o + dx + dy - dz$, ou simplement $dx + dy - dz$, qui sera la différence cherchée.

DE LA MULTIPLICATION.

TROUVER *la difference du produit* axy.

Si l'on substitue encore $a + o$, $x + dx$, & $y + dy$, à la place de a, x, y, leur produit sera $axy + axdy + aydx + xyo + oxdy + oydx + adxdy + odxdy$, duquel retranchant le proposé axy, & les cinq derniers qui sont nuls, le reste $axdy + aydx$ sera la difference cherchée.

DE LA DIVISION.

TROUVER *la différence de* $\frac{x}{y}$.

SOIT $\frac{x}{y} = z$, & en ſubſtituant ces grandeurs plus leurs differentielles en leurs places, l'on aura $\frac{x + dx}{y + dy} = z + ch$, ou (en faiſant évanouir la fraction) $x + dx = yz + ydz + zdy + dydz$ (en ôtant le terme nul $dydz$) $= yz + ydz + zdy$; ce qui donne $dz = \frac{x + dx - yz - zdy}{y}$ (en ſubſtituant $= \frac{x + dx - \frac{yx}{y} - \frac{xdy}{y}}{y}$ au lieu de z ſa valeur $\frac{x}{y}$) $= \frac{x + dx - \frac{yx}{y} - \frac{xdy}{y}}{y} = \frac{yx + ydx - yx - xdy}{yy} = \frac{ydx - xdy}{yy}$, pour la difference cherchée.

COROLLAIRE.

Comme dans toutes les opérations précédentes nous n'avons eu égard à aucune circonſtance particuliere qui puiſſe leur ôter leur univerſalité, & les reſtreindre à quelque cas particulier ; il eſt évident que de réſultat chaque opération peut être pris pour une formule génerale qui embraſſe tous les cas imaginables dans ce même genre. Ainſi,

RE'GLE GE'NERALE

Pour l'Addition & la Souſtraction.

Puiſque la formule qui donne $dx + dy - dz$ pour la différence des quantitez $a + x + y - z$, il ſuit qu'étant donnée une ſomme de quantitez quelconques variables ou non variables, affirmées ou niées : pour avoir la difference totale, il faut prendre la difference en particulier de chacune des variables, & ranger ces differences de ſuite, chacune gardant le même ſigne que la variable dont elle eſt différence.

RE'GLE GE'NERALE

Pour la Multiplication.

Puiſque la formule qui donne la différence des quantitez multipliées ensemble axy, est $axdy + aydx$, on a la Régle génerale suivante.

Prenez la difference de chaque quantité variable que vous trouverez dans la grandeur à differentier, & la multipliez par le produit des autres tant variables que non variables; ce qui donnera autant de produits differentiels qu'il y a de variables dans le proposé à differentier: la somme de tous ces produits differentiels, sera la difference cherchée.

RÉGLE GÉNERALE.

Pour la Division.

Puisque la formule qui donne la différence des quantitez divisées $\frac{x}{y}$, se réduit à $\frac{ydx - xdy}{yy}$, on a la Régle generale qui suit.

Prenez la différence du terme supérieur, que vous multiplirez par le terme inferieur, & la différence du terme inférieur que vous multiplirez aussi par le même supérieur: vous aurez deux produits dont le premier renferme la différence du terme supérieur, & l'autre le renferme lui-même; ôtez le second du premier, & divisez le tout par le quarré du terme inférieur: cette fraction sera la difference cherchée.

Page 4, Art. 5, 2°, ligne 2.

Par exemple, $xy = u$, qui (*nomb.* 1.) donne $xdy + ydx = du$; l'on aura $xyz = uz$; & consequemment $dxyz = udz + zdu$ (en restituant les valeurs de u, du) $= xydz + zxdy + zydx$, ainsi que l'Auteur le dit.

Page 5, Art. 5, 3°, à la fin ajoutez.

A cause que x & y expriment encore ici telles grandeurs qu'on voudra.

Page 5, Art. 6, après ces mots, d'où l'on forme cette régle, *ajoûtez:*

A cause que x & y expriment telles grandeurs qu'on voudra.

Page 5, Art. 6.

Cela se peut encore démontrer autrement; car x devenant $= x + dx$ & $y = y + dy$, l'on aura $\frac{x}{y} = \frac{x+dx}{y+dy}$; ainsi en retranchant $\frac{x}{y}$ de part & d'autre, sa differentielle se trouvera $= \frac{x+dx}{y+dx} - \frac{x}{y} = \frac{xy+ydx-xy-xdy}{yy+ydy} = \frac{ydx-xdy}{yy+ydy} = \frac{ydx-xdy}{yy}$, à cause que $yy+ydy=yy$, ydy, étant infiniment petit par rapport à yy, c'est-à-dire, comme dy est à y. *Ce qu'il falloit démontrer.*

REMARQUE PREMIERE.

DE même que la Proposition 3. dont il s'agit, a été prouvée par la précedente Proposition 2. de même aussi cette Proposition 2. peut être prouvée à son tour par la preuve qu'on vient d'ajouter de la Proposition 3. En effet, soit $xy = z$; l'on aura $x = \frac{z}{y}$, & (*Demonst. preced.*) $dx = \frac{ydz-zdy}{yy}$, ou $yydx = ydz - zdy$ (à cause $xy = z$) $= ydz - xydy$. Donc $yydx + xydy = ydz$ ou, $ydx + xdy = dz$ differentielle de z ou (*hyp.*) de xy. *Ce qu'il faloit démontrer.*

On voit donc que ces deux Propositions 2 & 3, se peuvent également prouver, soit dépendemment ou indépendemment l'une de l'autre.

Page 6, Art. 7.

REMARQUE II.

PUisque (*article 5*) la difference de xyz, est $= xydz + xzdy + yzdx$: Si $x = y = z$, l'on auroit $xyz = x^3$, dont la difference seroit $xxdx + xxdx + xxdx = 3xxdx$. De même la difference de $rstuxyz$, étant (*nomb. 5*) $= rstuxydz + rstuxzdy + rstuyzdx + rstxyzdu + rsuxyzdt + rtuyzxds + stuxyzdr$; si toutes les grandeurs qui sont dans le produit $rstuxyz$, sont égales entre elles, en sorte qu'il soit $= xxxxxxx = x^7$, la difference sera $= x^6dx + x^6dx + x^6dx + x^6dx + x^6dx + x^6dx + x^6dx = 7x^6dx$. Et ainsi de tant d'autres produits qu'on voudra, faits de tels nombres de grandeurs quelconques qu'on voudra, lesquelles

lesquelles étant ensuite supposées toutes égales entr'elles, en feront une puissance d'une d'elles, d'autant de dimensions qu'il y en a dans ce produit ; & suivant ce qui précede, la difference de cette puissance, par exemple de x^7, sera $= 7x^6 dx$, faite de son exposant 7, multiplié par la puissance x^7 diminuée d'un degré, au lieu duquel on met dx. Par la même raison, l'on aura en général $mx^{m-1}dx$ pour la différence de x^m ; & ainsi des autres.

Suivant cela, les différences de x^5, x^4, x^3, x^2, x^1, x^0, $\frac{1}{x}$, $\frac{1}{x^2}$, $\frac{1}{x^3}$, $\frac{1}{x^4}$, &c. seront $5x^4dx$, $4x^3dx$, $3x^2dx$, $2x^1dx$, $1x^0dx = dx$, $0x^{0-1}dx = 0$, $\frac{dx}{x^2}$, $\frac{-2xdx}{x^4}$, $= \frac{-2dx}{x^3}$, $\frac{-3x^2dx}{x^6} = \frac{-3dx}{x^4}$, $\frac{-4x^3dx}{x^8} = \frac{-4dx}{x^5}$, &c. selon que m sera $= 5, 4, 3, 2, 1, 0, -1, -2, -3, -4$, &c.

LEMMES.

LEMME I. $x^m \times x^n = x^{m+n}$. Car suivant l'institution des exposans m, n, des puissances x^m, x^n, l'on a $x^m = x$, multipliée m de fois par elle-même, & $x^n = x$, multipliée, aussi n de fois par elle-même. Donc $x^m \times x^n = x$, multipliée $m+n$ de fois par elle-même ; & par consequent, suivant la même institution, l'on verra $x^m \times x^n = x^{m+n}$.

Lemme II. $x^{mn} = x^m$, élevée au degré n, ou x^n, élevée au degré m. Car 1°, $x^{mn} = x^m$, multipliée n de fois par elle même ; & consequemment $x^{mn} = x^m \times x^m \times x^m \times x^m \times$, &c. jusqu'à n de fois $= x^{m+m+m+m+}$, &c. jusqu'à n de fois $= x^{mn}$.

2°. De même $x^{mn} = x^n$, multipliée m de fois par elle-même ; & consequemment $x^{mn} = x^n \times x^n \times x^n \times x^n$, &c. jusqu'à m de fois $= x^{nm}$.

Lemme III. $\frac{x^m}{x^n} = x^{m-n}$, puisque (*Lem.* 1.) $x^n \times x^{m-n} = x^{n+m-n} = x^m$. D'où

COROLL. 1°. Si $m = n$, l'on aura $x^0 = \frac{m}{x^n} = 1$.

2°. Si $m = 0$, l'on aura $\frac{1}{x^n} = x^{0-n} = x^{-m}$. Ce qui fait voir qu'une puissance positive x^n en diviseur, équivaut à elle même negative x^{-n} en multiplicateur ; & réciproquement une puissance négative x^{-n} en multiplicateur, équivaut à elle-même positive en diviseur $\frac{1}{x^n}$.

3°. De même une puissance positive en multiplicateur, équivaut à elle-même négative en diviseur. Par exemple $x^m = \frac{1}{x^{-m}}$; parcequ'en multipliant le tout par le diviseur x^{-m}, l'on aura $1 = x^{m-m} = x^0 = 1$: Reciproquement une puissance négative x^{-m} en diviseur, équivaut à une positive x^m en multiplicateur.

4°. Il suit des nomb. 2, 3, que pour changer un multiplicateur en diviseur, & réciproquement un diviseur en multiplicateur, il n'y a qu'à changer le signe de l'exposant de sa puissance, en le faisant descendre au-dessous de la barre dans le premier cas, & le faisant monter au-dessus dans le second; de cette maniere, l'on aura le $= \frac{a}{x^{-m}}$, & $\frac{a}{x^m} = ax^{-m}$; puisque les diviseurs, multipliant les quotients, donneront de part & d'autre $a = a$.

Lemme IV. Je dis que $\sqrt[m]{x^n} = x^{\frac{n}{m}}$. Car si l'on éleve chacun de ces termes à la puissance m, le premier deviendra x^n, & le second (*Lem.* 2.) $x^{\frac{mn}{m}} = x^n$ donc effectivement $\sqrt[m]{x^n} = x^{\frac{n}{m}}$. Donc, &c.

Autrement $x^n = \sqrt[m]{x^n} \times \sqrt[m]{x^n} \times \sqrt[m]{x^n} \times \sqrt[m]{x^n} \times$ &c. jusqu'à m de fois $\sqrt[m]{x^n}$: De même $x^n = x^{\frac{n}{m}} \times x^{\frac{n}{m}} \times x^{\frac{n}{m}} \times x^{\frac{n}{m}} \times$, &c. jusqu'à m de fois $x^{\frac{n}{m}} = x^{\frac{n}{m} + \frac{n}{m} + \frac{n}{m} + \frac{n}{m}} \times$, &c. jusqu'à m de fois $= x^{\frac{mn}{m}} = x^n$. donc $\sqrt[m]{x^n} = x^{\frac{n}{m}}$.

Suivant cela, l'on aura $\sqrt[2]{x} = x^{\frac{1}{2}}$, $\sqrt[3]{x} = x^{\frac{1}{3}}$ $\sqrt[4]{x^1} = x^{\frac{1}{4}}\sqrt{}$, &c.

Page 8, ligne 18, sur le premier Cas.

On peut encore prouver autrement que $mx^{m-1}\,dx$ est la difference de x^m; & le voici par la génération des puissances en général. En effet, puisque x devient $x + dx$, l'on aura $x^m = \overline{x + dx}^m = x^m + mx^{m-1}dx + \frac{m \cdot m-1}{1. \quad 2} x^{m-2}d^2x +$, &c. donc, puisque $\frac{m \cdot m-1}{1. \quad 2} x^{m-2}d^2x +$ &c. est infiniment petit par rapport à $mx^{m-1}dx$, l'on aura aussi $x^m = x^m + mx^{m-1}dx$; ainsi $mx^{m-1}dx$ sera la difference de x^m. *Cequ'il falloit démontrer.*

Page 9 Régle IV.

Suivant cette Régle, la difference de $\overline{ay-xx}^{p}$, sera $= p \times \overline{ay-xx}^{p-1} \times \overline{ady-2xdx}$.

On le peut encore prouver en supposant $ay - xx = z$, ou $\overline{ay-xx}^{p} = z^{p}$, dont la differentielle est $pz^{p-1}dz$; car restituant les valeurs de z, cette differentielle deviendra $= p \times \overline{ay-xx}^{p-1} \times \overline{ady-2xdx}$, comme auparavant.

De cette façon, supposant $p = 3$, l'on aura $3 \times \overline{ay-xx}^{2} \times \overline{ady-2xdx}$ pour la differentielle de $\overline{ay-xx}^{3}$, ainsi que l'Auteur l'a trouvé dans les Exemples qui suivent sa Régle.

De même en faisant $p = \frac{1}{2}$, l'on aura $\frac{1}{2} \times \overline{ay-xx}^{-\frac{1}{2}} \times \overline{ady-2xdx}$, ou $\frac{ady-2xdx}{2\sqrt{ay-xx}}$ pour la differentielle de $\overline{ay-xx}^{\frac{1}{2}}$, ou de $\sqrt{ay-xx}$; ainsi que l'Auteur l'a encore trouvé dans les mêmes Exemples.

Page 10 Art. 8.

En général, lorsqu'une formule s'est faite en differentiant toujours positivement, c'est-à-dire, sans changer les signes; il faut aussi differentier le lieu qu'on y veut appliquer, sans rien changer dans les signes, comme si les grandeurs croissoient ou décroissoient toutes à même tems: & à la fin le résultat sera positif, si effectivement il n'y avoit rien à changer; ou négatif, s'il y avoit à changer. Ce qui s'observe en posant ce qu'on cherche du côté supposé, si la valeur s'en trouve affirmative, ou du côté opposé, si elle est négative.

REMARQUES.

1°. Une grandeur seule, soit affirmative ou positive, soit négative, est toujours de même valeur, les signes + ou — ne marquant autre chose, sinon qu'il la faudroit ajouter ou retrancher, si elle étoit jointe à une autre, sans rien changer à leur valeur. Ainsi lorsque, *x*, *y*, *dx*, *dy*, &c. sont seules, elles ne signifient pas davantage que — *x*, — *y*, — *dx*, — *dy*, seules.

2°. Mais quand ces grandeurs sont jointes à d'autres, leurs signes + ou —, marquant qu'il les y faut ajouter, ou qu'il les en faut retrancher, ils changent la valeur des tous ou des restes qui en résultent.

Page 11, Art. 9, ligne 14.

La Courbe est regardée comme l'origine des differences ; parceque c'est à mesure que ces differences s'approchent d'elle, qu'on les regarde diminuer. Ainsi c'est dans la Courbe elle-même, que ces différences deviennent = *o*, & par-delà, elles sont négatives.

Page 11, Art. 9, ligne 22.

Voyez Wallis, in Fol. Tom. 3. pag. 692. *Putem præstare*, &c.

Page 11, Art. 9.

REMARQUE

A examiner sur les touchantes.

POUR trouver les touchantes d'une courbe, sans la considerer comme un polygone, on les suppose d'abord comme des sécantes qui à la fin deviennent tangentes. Pour cela, on regarde *dx* & *dy* comme des grandeurs indéterminées de quelque valeur, qu'on concevra toujours diminuer à mesure que les ordonnées communes à la Courbe, & à sa sécante, s'approchent jusqu'à ce qu'enfin elles se confondent en une ; & en ce
Fig. 3. cas la sécante *TM* devient tangente en *M*, si c'est *mp*

qui s'aproche de *MP* immobile, ou enfin entre *M* & *m*, si c'est *MP* qui s'approche de *mp* immobile; ou enfin entre *M* & *m*, si ces ordonnées s'aprochent toutes deux l'une de l'autre; & en tous ces cas, chacune des grandeurs *MH* (dx) parallele à *AP* (x), & *mH* (dy) devient nulle. C'est pourquoi on rejette tous les termes où dx & dy se trouvent, excepté ceux qui en sont le moins affectez, les autres n'étant que zero par rapport à eux.

Par-là on satisfait à un scrupule que voici sur le calcul des differences. On nomme (dit-on) les abscisses *AP*, x; & les ordonnées *MP*, y; ce qui donne $Pp = dx$ & $Hm = dy$. On dit qu'on peut mettre $x + dx$ pour x, & $y + dy$ pour y, ce qui fait une difficulté: Car dx, dy, sont ou quelque chose ou zero. Si on les prend pour quelque chose, il ne sera pas vrai de dire (comme l'on fait) que $x + dx = x$, & $y + dy = y$. Si on les prend pour zero, c'est un badinage que de changer x en $x + dx$, ou y en $y + dy$; & l'on ne doit tirer de $x + dx$, ou de $y + dy$, que ce que l'on tireroit de x & de y. Fig. 3.

Pour répondre à cette difficulté, l'on ne doit pas dire que $x + dx$ soit $= x$, ni $y + dy = y$; mais que $x + dx$, est une abscisse qui a, dans ce lieu, la même proprieté que x, & $y + dy$ la même que y: de sorte que l'on pourra faire de $x + dx$, ou de $y + dy$, la même chose que de x ou de y. Et parcequ'en ce cas dx & dy, sont quelque chose (autrement la seconde égalité ne seroit que la premiere sans aucun changement, ce qui seroit badin,) toutes ces puissances s'en doivent conserver, tant qu'on demeure dans cette supposition; c'est à dire, tant que les ordonnées *MP*, *mp*, sont distantes l'une de l'autre, quelque peu que ce soit; & dans tout cela *MT*, n'est encore qu'une sécante; mais en considerant ces ordonnées, s'approcher jusqu'à se confondre ensemble, dx & dy, cessent d'être quelque chose, & deviennent chacune $= 0$; c'est pour cela que les puissances s'en rejettent; & c'est là le cas où la sécante devient tangente.

Page 11, Art. 9.

Remarques sur la Formule $PT = \frac{ydx}{dy}$ des Soutangentes.

CEtte Formule donnant $\frac{PT}{y} = \frac{dx}{dy}$, on voit que $\frac{dx}{dy}$ exprime toujours le rapport de la ſoutangente à l'ordonnée, ce qui renferme trois cas, dont le ſecond a deux parties.

1°. Lorſque les valeurs de dx & dy, tirées de l'équation propoſée ſont toutes deux réelles au point donné de la courbe en queſtion ; ce qui eſt le cas de la preſente Section II. qui donne les tangentes concourantes avec l'un & l'autre des axes ou diametres conjugués de la courbe.

2°. Lorſque la valeur d'une de ces deux differentielles dx & dy eſt $= 0$, l'autre étant réelle, c'eſt le cas de la Section III. qui ſuit celle-ci. Si c'eſt dx qui ſoit $= 0$, cette ſect. 3. donnera les points où les tangentes ſont paralleles aux y ; & ſi c'eſt dy qui ſoit $= 0$, elle donnera les points où les tangentes ſont paralleles aux x : ce ſont les ordonnées qui paſſent par les uns & les autres de ces points que l'on appelle les *maxima* ou *minima* de la courbe ou de la queſtion.

3°. Lorſque les valeurs de dx & de dy, ſont l'une & l'autre zero dans quelque point de la courbe, c'eſt le cas de Section IX. laquelle donnant enfin la valeur de $\frac{dx}{dy}$, qui d'abord n'étoit que $\frac{0}{0}$, donne par conſequent auſſi la valeur de $\frac{PT}{y}$, c'eſt-à-dire, le rapport de la ſoutangente (PT) à l'ordonnée correſpondante (y) par le moyen de l'équation $\frac{PT}{y} = \frac{dx}{dy}$ que donne la preſente Section II. Article 9.

Page 11, & suiv. Art. 10.

REGLE.

Pour la disposition des Courbes.

SI les differences des ordonnées croissent ou décroissent avec elles, la courbe aura sa convexité tournée du côté de son axe. Si au contraire, lorsque les ordonnées croissent, leurs differences décroissent, & reciproquement; la concavité de la courbe sera tournée du côté de son axe. On suppose dans tout cela que les différences des abscisses sont par-tout égales & constantes, c'est-à-dire, qu'en posant les abscisses $=x$, les dx seront constants.

EXEMPLES.

1°. Soit le lieu $ay=xx$, dont les ordonnées sont $=y$, & les abscisses $=x$, l'on aura $ady=2xdx$; & par conséquent $dy=\frac{2xdx}{a}$. Mais parcequ'on suppose $\frac{2dx}{a}$ constante, les dy seront comme les x. Donc ils croîtront aussi; & par conséquent la courbe aura sa convexité tournée du côté de son axe.

2°. Si l'on prend $ax=yy$, on aura pour lors $adx=2ydy$; & par conséquent $\frac{adx}{2y}=dy$. Ainsi en prenant $\frac{adx}{2}$ pour constante, les dy se trouveront en raison réciproque des y; de sorte que les y croissant, les dy décroîtront; & par conséquent la courbe aura ici sa concavité tournée vers son axe.

REMARQUE.

1°. Toutes les courbes dans les lieux desquelles les dimensions, tant des abscisses AF (x), que des ordonnées GF (y) sont paires, ont toutes le contour de celle-ci $BAEACAD$ de maniere que tous ces retours ne fe- *Fig. 4.*

ront qu'une même courbe, le tout pouvant être décrit par la même loi, puisque les dimensions paires de x ou de y, ont les mêmes signes que les pareilles de $-x$ ou de $-y$. 2°. Si le nombre des dimensions est impair de part & d'autre, ces courbes seront comme *BAD*. 3°. Si celui des x est pair, & celui des y impair, la courbe sera *BAC*. 4°. Au contraire, si celui des x est impair, & celui des y pair, la courbe sera *BAE*.

De tout cela, il est visible que toute courbe, hors le cercle, peut être rencontrée en quatre points par un cercle.

Page 12, Art. 11. 3°.

Fig. 3. des Infin. Petits. On voit de l'Analogie $dx . dy :: my^{m-1} . 1$. que supposant $y = o$, comme en *A*, 1°. Si $m > 1$, l'on aura $my^{m-1} = mo = o$; & par conséquent en ce cas, la raison de 1 à my^{m-1}, ou de dy à dx, sera infiniment grande. 2°. au contraire, lorsque $m < 1$, l'on aura $my^{m-1} = \frac{m}{o}$; & par conséquent en ce cas, la raison de 1 à my^{m-1}, ou de dy à dx, sera infiniment petite.

Page 16, Art. 16.

POUR trouver la courbe qu'exprime l'égalité $\frac{yy}{x} = x\sqrt{\frac{aa+yy}{a}}$ de l'art. 16. Il faut considerer que cette égalité donne $y = \pm\frac{x}{a}\sqrt{\frac{1}{2}xx \pm \frac{1}{2}\sqrt{4a^4 + x^4}}$, d'où résultent ces quatre valeurs de y:

$$1°. \; y = +\frac{x}{a}\sqrt{\frac{1}{2}xx + \frac{1}{2}\sqrt{4a^4 + x^4}}.$$

$$2°. \; y = -\frac{x}{a}\sqrt{\frac{1}{2}xx + \frac{1}{2}\sqrt{4a^4 + x^4}}.$$

$$3°. \; y = +\frac{x}{a}\sqrt{\frac{1}{2}xx - \frac{1}{2}\sqrt{4a^4 + x^4}}.$$

$$4°. \; y = -\frac{x}{a}\sqrt{\frac{1}{2}xx - \frac{1}{2}\sqrt{4a^4 + x^4}}.$$

Dont les deux dernieres sont imaginaires, puisque quelque

quelque valeur qu'on donne à x, l'on aura toujours $\sqrt{4a^4 + x^4}$ plus grand que xx. Pour dans les deux autres, qui sont réelles, x & y croissent toujours ensemble; ainsi la premiere étant positive, & la seconde négative, la courbe doit prendre le contour qu'on lui voit ici en *EAF* de part & d'autre de son axe *AC*, comme la parabole ordinaire, peut être à quelques inflexions près que je n'ai pas le loisir d'examiner presentement.

Page 19, Art. 21.

PROPOSITION.

Soit un Triangle quelconque rectiligne ECF, *dont* C *soit le sommet & la base* EF, *sur laquelle tombe* CD, *comme l'on voudra. Des points* N *d'un des côtez* CF, *pris & prolongé à discretion, soient autant de* NP *paralleles à* CD, *lesquelles rencontrent la base en* P, *& l'autre côté en* Q. *Soit pris ensuite sur ces* NP *un point* M, *tel que l'on ait par-tout* $\overline{PQ}^m . \overline{PM}^m :: \overline{PM}^n . \overline{PN}^n$. *Je dis que la courbe* MM, *sera une des sections coniques à l'infini.* Fig. 6. & 7.

DE'MONST. A cause des paralleles (*hyp.*) *PN*, *CD*, l'on aura $\overline{PQ}^m . \overline{CD}^m :: \overline{EP}^m . \overline{ED}^m$. & $\overline{PN}^n . \overline{CD}^n :: \overline{PF}^n . \overline{DF}^n$. Donc en multipliant par ordre, $\overline{PQ}^m \times \overline{PN}^n . \overline{CD}^{m+n} :: \overline{EP}^m \times \overline{PF}^n . \overline{ED}^m \times \overline{DF}^n$. Or (*hyp.*) $\overline{PQ}^m . \overline{PM}^m :: \overline{PM}^n . \overline{PN}^n$; & par conséquent $\overline{PQ}^m \times \overline{PN}^n = \overline{PM}^{m+n}$. Donc $PM^{m+n} . CD^{m+n} :: \overline{EP}^m \times \overline{PF}^n . \overline{ED}^m \times \overline{DF}^n$. ou $\overline{PM}^{m+n} . EP^m \times PF^n :: \overline{CD}^{m+n} . \overline{ED}^m \times \overline{DF}^n$.

Ainsi cette derniere raison étant constante, l'on aura partout $\overline{PM}^{m+n} . \overline{EP}^m \times \overline{PF}^n :: \overline{PM}^{m+n} . \overline{EP}^m \times \overline{PF}^n$. ou $\overline{PM}^{m+n} . \overline{PM}^{m+n} :: \overline{EP}^m \times \overline{PF}^n . \overline{EP}^m \times \overline{PF}^n$. Ce qui fait un lieu à l'ellipse (*Fig.* 6.) à l'hyperbole (*Fig.* 7.) & enfin à la parabole, en supposant le point F infiniment éloigné, c'est-à-dire, EF & CF paralleles entr'elles; car alors on auroit les DF par tout égales entr'elles, & par conséquent aussi par tout $\overline{PM}^{m+n} . \overline{PM}^{m+n} :: \overline{EP}^{n} . \overline{EP}^{n}$. Ce qui fait le lieu aux paraboles à l'infini.

Si l'on suppose $m = 1 = n$, l'Analogie générale donnera par tout $\overline{PM}^{2} . \overline{PM}^{2} :: EP \times PF . EP \times PF$, pour le lieu des trois Sections coniques ordinaires de la maniere qu'on le vient de trouver pour ces trois Sections en général & à l'infini.

REMARQUE EN GÉNÉRAL.

SI $\overline{CD}^{m+n} = \overline{ED}^{m} \times \overline{DF}^{n}$, la courbe MM, sera un cercle de tous les genres (*Fig.* 6.) ou une hyperbole équilatere de tous les genres (*Fig.* 7.)

Page 22, Article 26.

PROPOSITION I.

Fig. 12 des Infiniment Petits. SI AM *est une ligne droite, comme* MH, *le reste étant comme dans la Prop. 7. je dis que la courbe* CMD, *sera une hyperbole.*

DÉMONSTRATION.

DES points F, P, M, soient autant de perpendiculaires FK, PL, MN, sur la droite KT, lesquelles la rencontrent en K, N, & HM prolongée en L. Cela fait, soient ces constantes $FK = a$, $PH = b$, $PL = c$; & les variables $KN = x$, $MN = y$. Alors on aura $LP (c) . MN (y) :: PH (b) . NH = \frac{by}{c}$. Donc $PN = b - \frac{by}{c}$; & par conséquent $KP = x - b + \frac{by}{c}$. Or $KP (x - b + \frac{by}{c}) . PN (b - \frac{by}{c}) :: KF (a) . MN (y)$. Donc $xy - by + \frac{byy}{c} = ab - \frac{aby}{c}$; ce qui est un lieu à l'hyperbole, & *ce qu'il falloit démontrer.*

COROL. Si l'angle H étoit droit, alors MH se confondant avec MN, l'on auroit $PN = PH = b$, & $PL = MN = y$; ce qui feroit $KP (x - b) . PN (b) :: KF (a) . MN (y)$. Donc $ab = xy - by$; ce qui est encore un lieu à l'hyperbole.

PROPOSITION II.

SI AM *est une parabole que* PL *rencontre en* Q, *toutes choses demeurant comme dessus, excepté que* PA *sera* $= b$, *&* PQ $= c$. *Je dis que la courbe* CMD, *aura pour lieu* $xy - by + \frac{byy}{cc} = ab - \frac{abyy}{cc}$.

DÉMONSTRATION.

A Cause de la parabole (*hyp.*) *QMA*, l'on aura $\overline{PQ}^2$ (cc). $\overline{MN}^2$ $(yy) :: PA\,(b)$. $NA = \frac{byy}{cc}$. Donc $PN = b - \frac{byy}{cc}$; & par conséquent $KP = x - b + \frac{byy}{cc}$. Or $KP\,(x - b + \frac{byy}{cc})$. $PN\,(b - \frac{byy}{cc}) :: FK\,(a)$. $MN\,(y)$. Donc $xy - by + \frac{byyy}{cc} = ab - \frac{abyy}{cc}$, sera le lieu de la courbe *CMD*. *Ce qu'il falloit démontrer.*

REMARQUE.

IL est à remarquer que cette courbe que l'Auteur appelle la compagne de la parabole, n'est que du troisième degré, quoique M. Descartes (*Geom. Lib.* 3.) la fasse monter au sixième.

PROPOSITION III.

SI AM *est un cercle dont* P *soit le centre, il est visible que* CMD *sera la premiere conchïode dont* F *sera le pôle.*

DÉMONTRATION.

PArcequ'alors toutes ces *PM*, *pm*, &c. étant rayons d'un même cercle, seront égales entr'elles.

Pour en trouver le lieu, toutes choses demeurant les mêmes que ci-dessus (*Prop. II.*) l'on aura $PM = PA = b$. Donc $PN = \sqrt{bb - yy}$, & $KP = x - \sqrt{bb - yy}$. Or $KP\,(x - \sqrt{bb - yy})$. $PN\,(\sqrt{bb - yy}) :: FK\,(a)$.

MN (y). Donc $xy - y\sqrt{bb - yy} = a\sqrt{bb - yy}$, ou $xy = \overline{a + y} \times \sqrt{bb - yy}$, sera le lieu de cette conchoïde.

PROPOSITION IV.

Si MA *étoit un cercle dont le rayon fût plus grand que* PA, *le lieu de la courbe* CMD, *seroit* $cxy - cby + cry - ab + arc = \mp a \mp y \times \sqrt{rrcc + bbyy - 2rbyy}$, *en supposant le rayon de ce cercle* $= r$.

DÉMONSTRATION.

CAr alors on aura $\overline{LP}^2$ (cc). $\overline{MN}^2$ (yy) :: $2rb - bb$. $2rz - zz$, en supposant aussi $AN = z$. Donc $2ccrz - cczz = 2rbyy - bbyy$, ou $zz - 2rz = \frac{bbyy - 2rbyy}{cc}$, ou $zz - 2rz + rr = \frac{rrcc + bbyy - 2rbyy}{cc}$; & par conséquent $z - r = \pm\sqrt{\frac{rrcc + bbyy - 2rbyy}{cc}}$ ou z (NA) $= \frac{rc \pm \sqrt{rrcc + bbyy - 2rbyy}}{c}$. Donc $PN = \frac{bc - rc \pm \sqrt{rrcc + bbyy - 2bryy}}{c}$; & par conséquent $KP = \frac{xc - bc + rc \pm \sqrt{rrcc + bbyy - 2bryy}}{c}$. Or KP ($\frac{xc - bc + rc \pm \sqrt{rrcc + bbyy - 2bryy}}{c}$). PN) ($\frac{bc - rc \pm \sqrt{rrcc + bbyy - 2bryy}}{c}$) :: FK (a). MN (y). Donc $cxy - cby + cry \pm y\sqrt{rrcc + bbyy - 2bryy} = abc - acr \mp a\sqrt{rrcc + bbyy - 2bryy}$, ou $cxy - cby + cry - abc + acr = \mp a \mp y \times \sqrt{rrcc + bbyy - 2bryy}$. *Ce qu'il falloit démontrer.*

Et ainsi des autres courbes pour lesquelles on pourroit prendre AM.

Page 24, Art. 28.

Fig. 14. des Infiniment Petits.

SOIT la cyssoïde FMA, ayant tiré une droite quelconque FR, qui rencontre le cercle génerateur en N, sa tangente BR en R, & la cyssoïde en M. La nature de cette courbe est d'avoir par tout $RN = FM$; & par conséquent de passer par le point A qui divise la demi-circonference circulaire BAF en deux parties égales. Si du point A par le centre G du cercle, on mene AG qui rencontre FR en P; je dis que l'on aura $PN = PM$.

Car à cause des arcs égaux AB, AF, & du centre G, l'on aura non seulement GA parallele à la touchante BR, mais encore $BG = GF$. Donc aussi $RP = PF$, donc en retranchant de part & d'autre des Parties (*hyp.*) égales RN, FM, il restera $PN = PM$. *Ce qu'il falloit démontrer.*

Page 26, avant l'exemple.

REMARQUE SUR LA PROPOSITION IX.

QUAND l'équation proposée a pour indéterminées les arcs mêmes de courbes, c'est par les differentielles de leurs touchantes qu'il faut chercher la touchante de la courbe à laquelle elles ont rapport; parceque cette équation ne donnant que les differentielles de ces courbes, on ne sçauroit trouver celles des ordonnées qu'on leur pourroit imaginer. Par exemple (*Fig.* 15.) les indéterminées de l'équation étant les arcs AN, CP, les differentielles qu'elle donnera, seront Nn, Pp, & point du tout d'autres. Ainsi en vain voudroit-on se servir des ordonnées FN, Fn, ou PM, pm; parceque leurs differentielles ne pouvant se trouver par l'équation donnée, elles demeureroient toujours inconnues, c'est-à-dire, leur rapport; & l'on n'en pourroit jamais rien tirer. Au contraire en faisant MH, MK, paralleles aux tangentes en N, P, les differentielles Nn, Pp, donneront MO, MR, &c. comme dans cette Proposition 9. *Fig. 15. des Infin. Petits.*

REMARQUE

Pour les touchantes où les équations ont plus de deux indéterminées.

1°. IL faut chercher d'abord les différentielles de l'ordonnée & de l'abscisse, lesquelles sont entr'elles comme cette même ordonnée & la soutangente qui lui répond.

2°. Il faut par de pareilles Analogies trouver la valeur des autres différentielles qui se trouvent dans l'équation differentiée, & substituer ces valeurs au lieu de ces differentielles, dans la valeur de la soutangente qu'on vient (*nom. 1.*) de trouver; & alors on aura cette soutangente en termes fort connus & sans différence. Voyez la Proposition IX, &c.

Page 33, ligne 3, après l'Exemple III.

Fig. 8. TOute courbe *AMB*, dont les ordonnées *CD*, *CM*, sont perpendiculaires entr'elles, peut être aussi regardée comme décrite par le mouvement de quelque stile *M* qui bande toujours également un fil *FMH*, attaché à deux foyers *F* & *H* infiniment éloignez de la courbe, suivant des lignes *MF* & *MH* paralleles à ses ordonnées. En effet, de quelque point *M* que ce soit de cette courbe, comme centre, & de telle ouverture *MC* de compas qu'on voudra, qu'on décrive le quart de cercle *CQE*; si après avoir pris *Mm* infiniment petite, & fait *mR* parallele à *MH* ou *DK*, l'on divise tellement en *O* la corde *CE* de ce quart de cercle, qu'on fasse *CO*. *OE* :: *MR*. *Rm*. la droite *MOP* sera toujours perpendiculaire à cette courbe.

DÉMONSTRATION.

CAr si l'on fait sur elle les perpendiculaires *CL*, *EN*, les triangles semblables *CLO*, & *ENO*, donneront *CL*. *EN* :: *CO*. *OE* (*hyp.*) :: *MR*. *Rm*. Or à cause que (*construct.*) $MC = ME$, l'on aura CL à EN, comme le sinus de l'angle CMG au sinus de l'angle EMG (*construct.*) $= MGC$, c'est-à-dire :: $CG . CM$. Donc aussi l'on aura pour lors $MR . Rm :: CG . CM$; & par conséquent la droite MQP sera perpendiculaire AMB. *Ce qu'il falloit démontrer.*

Page 33, Art. 36, lig. 17.

CE n'est que pour la simplicité de la solution qu'on exige ici $PK = MQ$; car par quelque point de PQ qu'on tire une perpendiculaire, telle qu'est Ha, la chose réussira. Par exemple, prolongez MR de part & d'autre jusqu'à la rencontre des tangentes PG, QH, en N, L. Soient encore $PM = a$, $MQ = b$, $MN = f$, $ML = g$, & $Op = Rm = Sq = dy$. On aura $PM (a) . MN (f) :: Op (dy) . PO = \frac{fdy}{a}$. De même $MQ (b) . ML (g) :: Sq (dy) . QS = \frac{gdy}{b}$. Donc en imaginant PX parallele à OS, l'on aura $QX = QS - PO = \frac{gdy}{b} - \frac{fdy}{a} = \frac{agdy - bfdy}{ab}$. Or $PQ (a + b) . PM (a) :: QX (\frac{agdy - bfdy}{ab}$. $MZ = \frac{agdy - bfdy}{ab + bb}$. Donc $MR = \frac{agdy - bfdy}{ab + bb} + \frac{fdy}{a} = \frac{aagdy - abfdy + abfdy + bbfdy}{aab + abb} = \frac{aagdy + bbfdy}{aab + abb}$. Or $Rm (dy) . MR (\frac{aagdy + bbfdy}{aab + abb}) :: PM (a) . PT (t) = \frac{aag + bbf}{ab + bb}$. *Ce qu'il falloit trouver.*

SCHOL. Si l'on se sert de HK au lieu de ML, la solution sera plus simple. Pour cela, soit $HK = e$; l'on aura $MQ (b) . ML (g) :: KQ (a) . KH (e)$. Ce qui donne $\frac{be}{a} = g$. De sorte qu'en substituant cette valeur de g dans la formule précedente $\frac{aag + bbf}{ab + bb}$ (PT), l'on aura $PT = \frac{ae + bf}{a + b}$ aussi clair & aussi simple que la formule de l'Auteur.

Page 33, Art. 36. ligne 27.

LEs triangles (*hyp.*) semblables PQX, PMZ, donnent $PQ . PM :: QX (QS - PO) . MZ = \frac{\overline{QS - PO} \times PM}{PQ}$. Donc $MR = \frac{\overline{QS - PO} \times PM}{PQ} + PO = \frac{QS \times PM - PO \times PM + PO \times PQ}{PQ}$ $=$ (à cause de $PQ - PM = QM$) $= \frac{QS \times PM + PO \times QM}{PQ}$.

Fig. 25. des Infiniment Petits.

Page 33, Article 36, après la derniere ligne.

AUTRE SOLUTION DE CE PROBLÊME.

Fig. 9.

LA génération de la courbe CMD, demeurant la même, &c. Soit une droite quelconque HV parallele à PQ, laquelle rencontre en K, N, V, les perpendiculaires OP, RM, SQ, prolongées jusqu'à elle, & en H, L, T, les touchantes PH, ML, QT, des courbes APB, CMD, EQF. Il s'agit donc de trouver la touchante LM de la courbe CMD.

Soit $PM = a$, $MQ = b$, $PQ = c$, PK ou MN, ou $VQ = f$, $HK = h$, $TV = l$, Op ou Rm ou $Sq = dy$. On aura $HK(h) . KP(f) :: Op(dy) . PO = \frac{fdy}{h}$. $TV(l) . VQ(f) :: Sq(dy) . QS = \frac{fdy}{l}$. Donc $QX = \frac{fdy}{l} - \frac{fdy}{h} = \frac{hfdy - lfdy}{hl}$. Or $QP(c) . PM(a) :: QX(\frac{hfdy - lfdy}{hl}) . MZ = \frac{ahfdy - alfdy}{chl}$, & $MR = \frac{ahfdy - alfdy}{chl} + \frac{fdy}{h} = \frac{ahfdy - afldy + cfldy}{chl}$ (à cause de $c - a = PQ - PM = MQ = b$) $= \frac{ahfdy + bfldy}{chl}$. Or $MR(\frac{ahfdy + bfldy}{chl}) . Rm(dy) :: MN(f) . LN = \frac{chl}{ah + bl}$ *Ce qu'il falloit trouver.*

Page 35 sur l'Exemple II. Art. 39.

POUR voir que lorsque FQ est une hyperbole, & $ADNP$ un parallelogramme, dont le côté AD est moyen proportionnel entre AE, EF, ou AG, GQ; la courbe LMm est une logarithmique dont la soutangente $PT = AD$.

Il faut considérer que puisque (*hyp.*) les espaces $EFQG = ADNP$, leurs différences $GQqg = NPpn$; & par conséquent $GQ . NP (AD) :: Pp (MR) . Gg (Rm) :: TP . PM$. Or (*hyp.*) $GQ . AD :: AD . AG (PM)$. Donc $AD . PM :: TP . PM$; c'est-à-dire, la soutangente $TP = AD$ constante; & par conséquent la courbe LMm est une logorithmique.

On voit de-là, que pour décrire telle logarithmique qu'on voudra, c'est-à-dire, dont la soutangente soit

telle

telle qu'on voudra: par exemple, égale à AD prise à discrétion. 1°. Il faut prendre encore AE à discrétion, & EF troisiéme proportionnelle à AE, AD. 2°. Entre les asymptotes AC, AE (dont les angles sont ici droits) décrire par le point F l'hyperbole FQ. 3°. Faire telle ordonnée GQ qu'on voudra, & le parallelograme $ADNP = EGQF$. On voit, dis-je, par la démonstration précedente que le point M, dans lequel QG & NP, prolongées se rencontrent, sera un de ceux de la logarithmique cherchée.

Quant à la quadrature de l'espace logarithmique $ZPMZ$, rien n'est plus facile à trouver. Car puisque $-Rm . RM :: PM . PT$, l'on aura $-PT \times Rm = PM \times RM = MPpm$. Donc en integrant, l'on aura $-PT \times PM = -\overline{SMPpm} = ZPMZ$, & non $PMEA$, à cause que cette valeur est négative.

L'on aura de même $PT \times AE = ZAEZ$; & par conséquent $PAEM = PT \times AE - PT \times PM = PT \times GE$.

Il est à remarquer que puisque DA ou PT est moyenne proportionnelle entre AG, GQ, & que les ordonnées logarithmiques donnent PA, AG, il est visible que l'on auroit, 1°, le point Q, & par conséquent l'hyperbole FQ. 2°. L'espace hyperbolique $EFQG = ADNP$, c'est à-dire, la quadrature de cette hyperbole, que la description de la logarithmique suppose.

Comme cette hyperbole FQ sert à décrire la logarithmique EMZ de la maniere qu'on vient de voir, elle en sera d'orénavant appellée *l'hyperbole génératrice*.

À

PROBLEME.

La Logarithmique EMZ *étant donnée seulement de potion par rapport à son asymptote* AZ, *trouver la valeur de sa soutangente* PT *avec son hyperbole génératrice* FQ.

SOLUTION.

Figure 11. AYANT fait une hyperbole équilatere quelconque *XB* entre les Asymptotes *AE*, *AC*, avec *EX* parallele à *AC*, & qui rencontre cette hyperbole en *X*; soit le parallelograme *AEXC* avec une infinité d'ordonnées *PM*, *RL*, *SH*, &c. à la logarithmique, lesquelles soient également distantes entr'elles, & qui rencontrent *EX* prolongée en π, λ, β, &c. Des points *M*, *L*, *H*, &c, où elles rencontrent la logarithmique *EMZ*, soient tirées *MB*, *LD*, *HN*, &c. qui rencontrent, 1° *AE* en *G*, *O*, *K*, &c. 2°. *XC* en μ *V* *Y*, &c. 3°. L'hyperbole *XB* en *B*, *D*, *N*, &c.

Cela fait, il est visible par la nature de la logarithmique, que *AE*, *SH*, *RL*, &c. sont en progression geometrique continue, & que leurs différences *EK*, *KO*, *OG*, &c. suivent aussi la même progression. Donc

1°. *EK* . *EA* :: *KO* . *SH* :: *OG* . *RL*. &c. ou (ce qui revient au même) *EY* . *ES* :: *KV* . *HR* :: $O\mu$. *LP*. &c. Et par ainsi *EY* . *ES* :: *EX*μ*G* (*EX* × *GE*). *AEPM* (*GE* × *PT*).

2°. Puisque *EK*, *KO*, *OG*, &c. sont en progression geometrique, les espaces hyperboliques *EN*, *KD*, *OB*, &c. sont égaux entr'eux, aussi bien que (*constr.*) *ES* ou $A\beta$, $S\lambda$, $R\pi$, &c. ce qui donne encore *EY* ou *EKNX*. *ES* ou $A\beta$ :: *EGBX* . *BAP*π (*EA* × *AP*).

Donc *EGBX* . *EA* × *AP* :: *EX* × *GE* . *GE* × *PT* :: *EX* . *PT*; & par conséquent $\frac{EA \times AP \times EX}{EG - BX} = PT$. *Ce qu'il falloit, 1°, trouver.*

Soit ensuite prise *EF* troisième proportionnelle à *AE*, *PT*; ou *GQ* troisième proportionnelle à *AG*, *PT*. Si par le point F ou Q, on décrit l'hyperbole FQ, on voit par la génération de la page précédente, que cette hyperbole sera la génératrice de la logarithmique proposée. *Ce qu'il falloit*, 2°, *trouver.*

On voit que tout cela ne dépend que de la quadrature d'une hyperbole quelconque XB entre les asymptotes AE, AC.

Page 36 sur l'Exemple II. Article 42.

SOIENT $CE = y$ les ordonnées de la spirale logarithmique AEC, du centre C de laquelle & d'un rayon quelconque $AC = r$ soit décrit le cercle AFB, dont les parties infiniment petites $Bb = dx$. Si l'on prend a & m pour des grandeurs quelconques données, la nature de cette spirale sera exprimée par $a^x = y^m$; parceque les x (AFB) ou les angles qu'elles mesurent, croissant arithmétiquement, les a^x, & par consequent aussi les y^m ou les y croissent geométriquement. Fig. 12.

Pour trouver presentement la touchante ET de cette spirale, le calcul exponentiel ci-après changera $a^x = y^m$ en $xla = mly$ (L est la caractéristique des logarithmes; de sorte que la, ly, &c. sont les logarithmes de a, y, &c.) Et en differentiant à l'ordinaire, l'on aura $ladx = mdly = \frac{mdy}{y}$. Or en faisant deux rayons CB, Cb, infiniment proches, lesquels rencontrent la spirale en E, e; & faisant ensuite du centre C, l'arc $ED = dz$, avec CT perpendiculaire sur EC, l'on aura $EC(y) . BC(r) :: ED(dz) . Bb(dx) = \frac{rdz}{y}$. Donc en substituant cette valeur de dx dans l'égalité précédente, l'on aura $\frac{rladz}{y} = \frac{mdy}{y}$ ou $rladz = mdy$; ce qui donne $rla . m :: dy(eD) . dz(ED) :: EC(y) . CT = \frac{my}{rla}$. D'où l'on voit que les soutangentes (CT) croissent ici comme les ordonnées (EC) correspondantes; & qu'ainsi les triangles rectangles ECT ou eDE, sont par tout semblables, & les angles en E par tout égaux.

COROLLAIRE.

ON voit aussi qu'en faisant *AC*, *EC* infinies en suposant le point *C* infiniment éloigné; ayant alors $r = y$, cette spirale deviendra une logarithmique ordinaire, dont la soutangente ($\frac{my}{rla}$) sera $= \frac{m}{La}$, c'est-à-dire, constante, & par tout la même: son asymptote sera la perpendiculaire en *C* sur la droite *AC*.

M. Varignon ajoute ici: J'ai donné toute cette page à M. Ozanan, *c'est-à-dire, tout cet Eclaircissement sur l'Article 42 de la Section II.*

A la fin de la page 40 ou de la Section II.

PROBLEME.

Fig. 13. U*Ne courbe quelconque* AED *étant donnée, en trouver une autre aussi quelconque* CEF *d'espece donnée qui touche celle-là en un point donné* E.

SOLUTION.

SOIENT $AB = x$, $CB = v$ les abscisses de ces courbes, & $EB = y$ leur ordonnée commune. Il est visible que l'on aura $dx = eG = dv$; & par consequent aussi les valeurs de dx & de dv trouvées par le moyen de l'équation donnée de *AED*, & de la suposée de *CEF*, donneront une nouvelle équation, dans laquelle il n'y aura d'inconnu que l'abscisse *CB* (v) & le parametre de la courbe cherchée *CEF*; ce qui se trouvera par le moyen des deux autres équations comparées avec celle-ci.

EXEMPLE.

SOIT $ax = yy$ l'équation donnée de la courbe *AED*, & $2rv - vv = yy$ l'équation supposée de la courbe cherchée *CEF*. Leur differentiation donnera $adx = 2ydy = 2rdv - 2vdv$, ou (à cause de $dx = dv$) $a = 2r - 2v$, ou bien encore $v = r - \frac{1}{2}a$. Mais les deux premieres équations donnant $ax = 2rv - vv$, l'on aura aussi $ax = 2rr$

$-ar - rr + ar - \frac{1}{4}aa = rr - \frac{1}{4}aa$; d'où resulte $r = \pm\sqrt{ax + \frac{1}{4}aa}$; & de là aussi $v\ (r - \frac{1}{2}a) = -\frac{1}{2}a \pm \sqrt{ar + \frac{1}{4}aa}$: dans lesquelles valeurs x & a étant données, l'on aura aussi celles de r & de v (CB) ; c'est-à-dire, l'origine C du cercle cherché CEF, avec son rayon $CO = \pm\sqrt{ax + \frac{1}{2}a}$; & ainsi des autres courbes.

Page 41, Section III. sur la Définition premiere.

DE cette Définition il suit, 1°, que lorsque les appliquées d'une courbe croissent jusqu'à l'infini, cette courbe n'a point de *maxima*, à moins que ce ne soit celle de ses appliquées qui devient ainsi infinie. 2°. Que lorsque les appliquées décroissent jusqu'à zero, la courbe n'a point non plus d'autre *minimum* que zero. 3°. Si les appliquées croissent jusqu'à devenir infinies sans diminuer jusqu'à zero, la courbe a toujours un ou plusieurs *minima*, mais point de *maxima*. 4°. Au contraire lorsqu'elles décroissent jusqu'à zero, sans croître jusqu'à l'infini, cette courbe a toujours un ou plusieurs *maxima*, mais point de *minima*. 5°. Enfin, lorsque les appliquées ni ne croissent jusqu'à l'infini, ni ne décroissent jusqu'à zero, la courbe a toujours quelque *maxima* & *minima* tout à la fois.

Page 42, sur l'Exemple I. Art. 48.

SOIT l'égalité (A) $y^3 + x^3 = axy$ de la courbe $AM\mu mA$, dont l'axe étant $AB = a$, les abscisses soient $AP = x$, & les ordonnées $PM = y$. L'on aura (B) $dy = \frac{aydx - 3xxdx}{3yy - ax}$. Donc Fig. 14.

1°. Si l'on fait $dy = o$, l'on aura $ay - 3xx = o$, ou y (MP) $= \frac{3xx}{a}$; ce qui étant substitué dans l'égalité A, donne x (AP) $= \frac{a}{3}\sqrt[3]{2}$.

2°. Si l'on fait $dy =$ infin. ou $dx = o$, l'on aura de même $3yy - ax = o$, ou y ($\mu\pi$) $\sqrt{\frac{ax}{3}}$; ce qui étant encore substitué dans l'égalité A, donne x ($A\pi$) $= \frac{2a}{3}$.

Page 43, sur l'Exemple II. Article 49.

POUR trouver le plus grand ou le plus petit y de l'égalité proposée $y - a = a^{\frac{1}{3}} \times \overline{a - x}^{\frac{2}{3}}$, on voit que l'Auteur la différentie immédiatement sans faire évanouir les signes radicaux; ce qui lui donne $dy = \frac{-2a^{\frac{1}{3}}dx}{3 \times \overline{a-x}^{\frac{1}{3}}}$, laquelle valeur de dy, égalée à zero, ne donne que $2a^{\frac{1}{3}}dx = o$, qu'il dit ne donner rien. C'est pour cela que l'Auteur l'égale à l'infini; ce qui lui donne $3 \times \overline{a - x}^{\frac{1}{3}} = o$, ou $x = a$. Il est pourtant à remarquer que $dy = o$, donnant $2a^{\frac{1}{3}} dx = o$, ne le donne que par raport à $3 \times \overline{a - x}^{\frac{1}{3}}$ infini par rapport à $2a^{\frac{1}{3}} dx$; ce qui rend x infinie, & conséquemment aussi y infinie, change l'équation donnée en $y = a^{\frac{1}{3}} x^{\frac{2}{3}}$ ou $y^3 = axx$; d'où résulte $x = \pm \sqrt{\frac{y^3}{a}}$, & conséquemment deux *maxima* infinis PM (y).

Il paroît cependant qu'en faisant évanouir les signes radicaux de l'égalité proposée $y - a = a^{\frac{1}{3}} \times \overline{a - x}^{\frac{2}{3}}$ avant que de la differentier, il en résultera une valeur de dy, laquelle égalée à zero, donne encore $x = a$; car en faisant évanouir les signes radicaux, cette égalité devient $y^3 - 3ayy + 3aay - a^3 = a^3 - 2aax + axx$; ce qui donne $3yydy - 6aydy + 3aady = 2aadx + 2axdx$. Et par conséquent $dy = \frac{2axdx - 2aadx}{3yy - 6ay + 3aa}$, laquelle valeur de dy, égalée à zero, donne $2axdx - 2aadx = o$; & par ainsi encore $x = a$, c'est-àdire, la même que ci-dessus, qu'on égaloit à l'infini. Comment accorder cela?

Pour l'accorder, il faut remarquer que cette derniere valeur de dy; sçavoir $dy = \frac{2axdx - 2aadx}{3yy - 6ay + 3aa}$, a pour diviseur commun de l'un & de l'autre de ses termes, $a^{\frac{2}{3}} \times$

$\overline{a-x}^{\frac{1}{3}}$. Car en substituant la valeur de y, que donne l'égalité proposée $y - a = a^{\frac{1}{3}} \times \overline{a-x}^{\frac{2}{3}}$ ou $y = a^{\frac{1}{3}} \times \overline{a-x}^{\frac{2}{3}} + a$, l'on aura $3yy - 6ay + 3aa = 3a^{\frac{2}{3}} \times \overline{a-x}^{\frac{4}{3}}$; & par conséquent $dy = \frac{2axdx - 2aadx}{3a^{\frac{2}{3}} \times \overline{a-x}^{\frac{4}{3}}} = \frac{-2a^{\frac{3}{3}} \times \overline{a-x}^{\frac{3}{3}} \times dx}{3a^{\frac{2}{3}} \times \overline{a-x}^{\frac{4}{3}}} = \frac{-2a^{\frac{1}{3}}dx}{3 \times \overline{a-x}^{\frac{1}{3}}}$, qui ne donne ED qu'en le faisant égal à l'infini.

Ainsi si $dy = \frac{2axdx - 2aadx}{3yy - 6ay + 3aa}$ donne quelque chose en l'égalant à zero, ce n'est que ce que donneroit $dy = \frac{-2a^{\frac{1}{3}}dx}{3 \times \overline{a-x}^{\frac{1}{3}}}$, si après avoir multiplié l'un & l'autre terme de cette fraction par $a - x$ ou $\overline{a-x}^{\frac{3}{3}}$, on l'égaloit à zero; ce qui ne donneroit pas davantage qu'avant cette multiplication : autrement la valeur de x deviendroit arbitraire, puisque le tout se peut multiplier de même par $a - px$, ce qui (en l'égalant à zero) donneroit $a = px$. D'où l'on voit que cette découverte seroit plûtôt une suite de ce multiplicateur commun, égalé à zero, que de la valeur de dy, égalée de même à zero.

Il est visible que $y - a = a^{\frac{1}{3}} \times \overline{a-x}^{\frac{2}{3}}$, est une équation à une seconde parabole cubique; puisqu'en faisant $y - a = z$, & $a - x = v$, l'on aura $z = a^{\frac{1}{3}} v^{\frac{2}{3}}$, ou $z^3 = avv$.

Pour la construction de cette parabole soit le quarré Fig. [illegible]
$ABCD$, dont le côté $AB = a$, $BF = x$, $EG = y$. Alors on aura $AF = a - x = v$, & $FG = y - a = z$; ainsi si l'on fait sur l'axe AK une seconde parabole cubique AGH, dont l'équation soit $AB \times \overline{AF}^2 = \overline{FG}^3$,

elle donnera aussi $avv = z^3$, ou $a \times \overline{a - x}^2 = \overline{y - a}^3$, ou enfin $a^{\frac{1}{3}} \times \overline{a - x}^{\frac{2}{3}} = y - a$ qui est l'équation proposée.

Si au lieu de prendre *AB* pour l'axe on prend *CD*, l'on aura $CE = x$ dont *C* sera l'origine, & $EG = y$, lequel en *D* deviendra un *minimum* $= AD = a$, & alors *CE* (x) sera aussi $= CD = a$, conformément à ce qu'on vient de trouver.

PROBLEME

TROUVER une plus grande dans une courbe rebroussante, comme page 165 des Infiniment Petits.

PROBLEME.

Fig. 16. TROUVER les *maxima* ou *minima* de la courbe *FBf* exprimée par l'équation $xx + 2nn = n\sqrt{ny - nn} + n\sqrt{ny - 2nn}$.

SOLUTION.

1°. CETTE équation différentiée donnera $2xdx = \frac{nndy}{2\sqrt{ny - 2nn}} + \frac{nndy}{2\sqrt{ny - 2nn}}$ (pour abreger soit $z = \frac{nn}{2\sqrt{ny - nn}} + \frac{nn}{2\sqrt{ny - 2nn}}$) $= zdy$. Donc $\frac{dx}{dy} = \frac{z}{2x}$; donc en faisant $dy = 0$ par rapport à dx, l'on aura aussi $x = 0$; mais l'égalité proposée donne $x = \pm\sqrt{-2nn + n\sqrt{ny - nn} + n\sqrt{ny - 2nn}}$; donc cette valeur de x est aussi pour lors $= 0$; & par conséquent aussi $2n = \sqrt{ny - nn} + \sqrt{ny - 2nn}$, ou $4nn = 2ny - 3nn + 2\sqrt{nnyy - 3n^3y + 2n^4}$, ou bien aussi $7nn - 2ny = 2\sqrt{nnyy - 3n^3y + 2n^4}$; donc $49n^4 - 28n^3y + 4nnyy = 4nnyy - 12n^3y + 8n^4$; ce qui se reduit à $41n^4 - 16n^3y = 0$, ou $y = \frac{41}{16} \times n$. Voilà pour le *minimum* (y) qui répond à une tangente parallele aux x; & ce qui fait voir en même temps qu'il n'y en a point d'autre, ni aucun *maximum* qui réponde à de telles paralleles aux x.

2°. Pour

2°. Pour voir presentement s'il n'y en a point qui répondent à des tangentes paralleles aux y, il faut faire $dx = o$ par rapport à dy dans la differentielle $2xdx = \frac{nndy}{2\sqrt{ny-nn}} + \frac{nndy}{2\sqrt{ny-2nn}} = \frac{ndy\sqrt{ny-2nn}+ndy\sqrt{ny-nn}}{2\sqrt{yy-3ny+2nn}}$; ce qui rend cette fraction $\frac{n\sqrt{ny-2nn}+n\sqrt{ny-nn}}{2\sqrt{yy-3ny+2nn}} = o$; & par conséquent aussi $\sqrt{ny-2nn} + \sqrt{ny-nn} = o$. Ce qui donneroit alors $2nn = nn$ ou $2 = 1$; ce qui est contradictoire: donc la courbe n'a ni *maxima*, ni *minima* qui répondent à des paralleles aux y, & *le minimum* $AB\,(y) = \frac{41}{16}n$ qui répond à une tangente parallele aux x, est l'unique qu'elle ait.

3°. Il est à remarquer que la précedente differentielle $2xdx = \frac{ndy\sqrt{ny-2nn}+ndy\sqrt{ny-nn}}{2\sqrt{yy-3ny+2nn}}$, donnant aussi $dy = \frac{4xdx\sqrt{yy-3ny+2nn}}{n\sqrt{ny-2nn}+n\sqrt{ny-nn}}$, la supposition premiere de $dy = o$, auroit aussi donné $4x\sqrt{yy-3ny+2nn} = o$; & par conséquent aussi $x = o$, ou $\sqrt{yy-3ny+2nn} = o$, ou tous les deux ensemble : la question est de sçavoir lequel des trois est le vrai. Je dis que c'est $x = o$ qu'il faut prendre ; parceque la differentielle primitive & immédiate $2xdx = \frac{nndy}{2\sqrt{ny-nn}} + \frac{nndy}{2\sqrt{ny-2nn}}$ de l'égalité $xx + 2nn = n\sqrt{ny-nn} + n\sqrt{ny-2nn}$ donne $dy \,.\, dx :: 2x \,.\, \frac{nn}{2\sqrt{ny-nn}} + \frac{nn}{2\sqrt{ny-2nn}}$. Donc dans le premier cas de $dy = o$, c'est x qui est $= o$, & non $\sqrt{yy-3ny+2nn}$

dans le produit $4x\sqrt{yy-3ny+2nn}$, qu'on vient de voir être $= o$.

Telle est la maniere de discerner laquelle de ces deux racines $4x$, ou $\sqrt{yy-3ny+2nn}$, le rend $= o$, étant elle même $= o$.

C'est là précisément que se méprit M. l'Abbé Galois le Samedi 7 Mars 1706, qu'il proposa à l'Académie l'équation dont il s'agit ici pour en trouver par le moyen de l'Analyse des Infiniment Petits, les *maxima* & *minima*, disant qu'elle ne lui donnoit pour cela que des imaginaires & des contradictions ; mais on voit que c'étoit sa faute, & non celle de cette Analyse qui nous vient de donner tout ce qu'en a la courbe exprimée par cette équation ; & cette faute de Monsieur l'Abbé Galois venoit d'avoir pris $\sqrt{yy-3ny+2nn} = o$, au lieu de $x = o$, dans le produit $4x\sqrt{yy-3ny+2nn}$, que le cas de $dy = o$ rendoit aussi $= o$. Cette remarque pourra peut-être avoir lieu dans d'autres occasions où il s'agiroit de sçavoir laquelle des racines d'un produit $= o$, doit aussi être faite $= o$.

Page 45. Exemple V. Article 52, ligne 12.

L'Egalité $y = \frac{aac+acx-aax-axx}{bx-xx}$, donne la différentielle $dy = \frac{acxx-abxx-aaxx+2aacx-aabc}{\overline{bx-xx}^2} \times dx$. Donc

1°. Si l'on fait $dy = o$, l'on aura $acxx - abxx - aaxx + 2aacx - aabc = o$, ou $xx + \frac{2acx}{c-b-a} = \frac{abc}{c-b-a}$; ce qui donne $x = \frac{-ac \pm \sqrt{aac+ab-bcc-abbc-aabc}}{c-b-a}$.

2°. Si l'on fait $dy =$ infini ou $dy = o$, l'on aura aussi $bx - xx = o$, ou $x = \begin{cases} b \\ a \end{cases}$

Il faut chercher la courbe exprimée par la premiere égalité.

Page 46, ligne 18, Article 53.

L'Egalité $y = \frac{\sqrt{aaxx - ax^3}}{a}$ donne $dy = \frac{2aaxdx - 3axxdx}{2aa\sqrt{aa - ax^3}} = \frac{2adx - 3xdx}{2\sqrt{aa - ax}}$. Donc:

1°. Si l'on fait $dy = o$, l'on aura $2a - 3x = o$, ou $x = \frac{2a}{3}$; ce qui substitué dans l'égalité proposée, donne $y = 2a\sqrt{\frac{1}{27}}$.

2°. Si l'on fait $dy =$ infin. ou $dx = o$, l'on aura $\sqrt{aa - ax} = o$, ou $x = a$; ce qui substitué dans l'égalité proposée, donne $y = o$.

Page 49. Exemple X. Art. 58, ligne 13.

POUR prouver que les triangles *HDE* & *KLE* sont semblables, il faut considerer que les angles *CEG* & *FEG* étant égaux, l'on aura aussi les angles $ECO + EOC = EFO + EOF$, c'est-à dire, (*hyp.*) $HEO + HOE = KEO + KOE$. Or à cause du parallelogramme *DL*, l'on aura aussi $DEO + HOE = LEO + KOE$. Donc en retranchant les angles précedens de ceux-ci, il restera $DEH = LEK$. De plus les angles *D* & *L* sont égaux; donc les triangles *HDE* & *KLE* sont semblables. *Ce qu'il falloit démontrer.* *Fig. 42 des des Infin. Petits.*

Page 51, Exemple XII, Article 60, ligne 5.

EN géneral & dans quelque ligne que les points *C*, *B*, soient situez, soient encore $CF = a$, $DFB = b$, $CE = x$ de plus $CG = c$, $CB = m$, $BG = n$; & le reste comme dans l'Article 60, & la Fig. 44 des Infin. Petits. *Figure 17.*

L'on aura $EF = \sqrt{aa - xx}$, & $BF\ (\sqrt{\overline{EG}^2 + \overline{EF + BG}^2}) = \sqrt{cc - 2cx + xx + aa - xx + nn + 2n\sqrt{aa - xx}}$; donc

$FD = b - \sqrt{mm - 2cx + aa + 2n\sqrt{aa - xx}}$; & par conséquent $ED = b + \sqrt{aa - xx} - \sqrt{mm - 2cx + aa + 2n\sqrt{aa - xx}}$ qui doit être un plus grand. Ainsi sa différence

$$\frac{-xdx}{\sqrt{aa - xx}} + \frac{cdx\sqrt{aa - xx} + nxdx}{\sqrt{aa - xx} \times \sqrt{mm - 2cx + aa + 2n\sqrt{aa - xx}}} = 0.$$

Et par conséquent $xdx\sqrt{mm - 2cx + aa + 2n\sqrt{aa - xx}} = cdx\sqrt{aa - xx} + nxdx$. Donc en quarrant & en réduisant le tout, il viendra $2nxx - 2cnx \times \sqrt{aa - xx} = 2cx^3 - ccxx - aaxx + aacc + nnxx - mmxx$ (à cause de $cc = mm - nn$) $= 2cx^3 - 2ccxx - aaxx + aacc$. Et en divisant le tout par $x - c$, l'on aura $2nx\sqrt{aa - xx} = 2cxx - aax - aac$. Enfin en quarrant le tout, il viendra l'égalité $4mmx^4 - 4aacx^3 + \begin{matrix} a^4x^2 \\ -4a^2m^2x^2 \end{matrix} + 2a^4cx + a^4cc = 0$, dont une des racines fournit pour CE une valeur telle que la perpendiculaire ED passe par la poulie F, & le plomb D, lorsqu'ils sont en repos.

Il est visible que si CB étoit horizontale ou BG (n) $= 0$, alors on auroit $CB = CG$ ou $m = c$; ce qui réduiroit cette égalité à $4ccx^4 - 4aacx^3 + \begin{matrix} a^4x^2 \\ -4a^2c^2x^2 \end{matrix} + 2a^4cx + a^4cc = 0$, dont la racine quarrée seroit $2cxx - aax - aac = 0$, qui est la même que celle de la page 52 de l'Analyse des Infiniment Petits.

Page 52, ligne 5, Article 60.

AUTREMENT.

Figure 17. IL est visible qu'en cas d'équilibre, l'on aura les angles $CFD = CFB$. Soit $CHF = CFD$; donc l'angle $KHF = KFC$. De plus l'angle CKF est commun aux triangles KHF & KFC ; ainsi ces triangles sont semblablés, de même que HFC, FBC. Donc $CB(m).CF(a)::CF(a).CH=\frac{aa}{m}$. Et appellant $CK=v$, $KF=z$, l'on aura aussi $CK(v).KF(z)::KF(z).HK(v-\frac{aa}{m}$. Donc $vv-\frac{aav}{m}=zz$.

Pour changer présentement les indéterminées v & z en x, il faut dire $BC(m).CK(v)::BG(n).KE=\frac{vn}{m}$ $::CG(c).CE(x)=\frac{cv}{m}$. Donc $v=\frac{mx}{c}$.

De plus $EF(\sqrt{\overline{CF}^2-\overline{CE}^2})=\sqrt{aa-xx}$. Donc $KF(z)=$

$\frac{nv}{m}+\sqrt{aa-xx}$ (à cause de $v=\frac{mx}{c}$) $=\frac{nx}{c}+\sqrt{aa-xx}$,

ou $\frac{nnxx}{cc}+\frac{2nx}{c}\sqrt{aa-xx}+aa-xx=zz=vv-\frac{aav}{m}=$ $\frac{mmxx}{cc}-\frac{aax}{c}$, ou $nnxx-mmxx+aacc-ccxx+aacx$ $=-2ncx\sqrt{aa-xx}$, ou (en substituant $c^2=m^2-n^2$, & divisant ensuite le tout par c) $aac-2cxx+aax=$

$-2nx\sqrt{aa-xx}$; & en quarrant, $a^4cc-4aaccxx+$ $4ccx^4+2a^4xc-4aacx^3+a^4xx=4aannxx-4nnx^4$ Donc en substituant $mm=cc+nn$, l'on aura $4m^2x^4-$ $4aacx^3+a^4xx+2a^4cx+\underset{-4a^2m^2xx}{a^4c^2}=0$, qui est la même égalité que ci-dessus, page précédente ligne 19.

Page 55, Avertissement, ligne 7.

Ainsi ddy exprimera Hn; $dddy$, $Lo-Hn$, ou Hn $-Lo$, &c.

Page 57, Corollaire II, Article 64, ligne 4.

La petite droite Mm, c'est-à-dire la touchante Mm.

Page 57, Corollaire II, Article 64, ligne 10.

Cela revient à la définition premiere de la Section IV. page 55 de l'Analyse des Infiniment Petits, parceque MR & mS, étant (*hyp.*) paralleles & égales, la droite RS tirée par R & S, se trouveroit parallele à mH; ainsi (selon la définition premiere pag. 55, de l'Analyse des Infiniment Petits) Hn seroit la différence des grandeurs mR, SH qui seroient alors égales : mais indépendemment de

Fig. 46 des Infin. Petits. cette définition. Les triangles MRm & mSH étant semblables, & leurs bases MR & mS égales, c'est une conséquence necessaire que Rm soit $= SH$, & qu'ainsi Hn en soit la difference.

Page 58, ligne 5, Corollaire II. Art. 64, 2°.

Fig. 50 & 51 des Infin. Petits. L'Auteur prend MR, mS égales entr'elles pour des dx constantes, afin d'avoir les differentielles de dy, dv, c'est à dire, pour avoir ddy, ddv. Dans la pratique j'aimerois mieux prendre sur un cercle quelconque décrit du centre B, des différentielles égales qui feroient des dx constantes; & de là viendroient MR, mS, par proportion.

REMARQUE.

Fig. 18. & 19. QUand les différences secondes des y sont du même côté de la courbe que les différences premieres, elles sont positives: si elles sont du côté opposé, elles sont négatives. Par exemple (*Figure* 18.) les Bb (dx) étant constantes, l'on aura gr (dy) $= SR$; ainsi SG sera la différence de gr (dy) à GR (dy): mais parceque cette seconde différence SG (ddy) est du même côté de la courbe que les premieres GR, gr, elle sera positive. Au contraire (*Figure* 19.) SG (ddy) se trouvant dans cette seconde Figure de l'autre côté de la courbe par rapport à RG (dy), elle sera négative.

Page 58, ligne 15, Art. 64, 2°.

Donc l'angle $smH = RMm$.

Fig. 50 & 51. des Infin. Petits. Cela se peut encore prouver autrement en prolongeant mE & Bn jusqu'à ce qu'elles concourent en L; & en faisant LO parallele à Bm. Car l'angle mHS étant exterieur par rapport au triangle mHL, l'on aura cet angle $mHS = HmL + mLH$ (*hyp.*) $= mBL + mLH =$ (à cause de mB & LO paralleles) $= BLO + mLH = OLm$ $= OLM = MmR$. Ainsi les angles S & R étant (*hyp.*)

droits, l'on aura aussi l'angle $HmS = mMR$, & ces triangles semblables. *Ce qu'il falloit démontrer.*

Page 59 ligne derniere, après la définition II.

Ci-après, Art. 109, il y a encore une autre espece de rebroussement.

Page 60, Article 66 ligne 10.

Examinez ci-aprés l'article 191, il pourra peut-être servir à reconnoître si c'est un point d'infléxion ou de rebroussement.

Page 60, Article 66, ligne 11. 1°. Dans les courbes, &c.

1°. Lorsque *F* est un point d'infléxion, on trouve que *AL* est *un plus grand*; & par conséquent sa differentielle $M = 0$. Fig. 52, 53. des Infin. Petits.

2°. Lorsque *F* est un point de rebroussement, c'est *AE* qui est *un plus grand*, & par conséquent aussi sa différentielle est $= 0$; (ou ce qui revient au même) la différentielle de *AL* se trouve alors infinie par rapport à elle de *AE*.

Donc pour avoir le point *F* d'infléxion ou de rebroussement, il faut toujours faire la différentielle de *AL* égale à zero ou à l'infini; égale à zero pour le point d'infléxion, & égale à l'infini pour le point de rebroussement.

Remarquez que de $-\frac{yddy}{dy_2} = 0$, l'on conclut $ddy = 0$; parceque dans $-\frac{yddy}{dy^2} = 0$, il est visible que ce n'est pas dy^2 qui est $= 0$, autrement cette fraction seroit infinie; ce n'est pas non plus y qui soit $= 0$, puisque $y > dy^2$. Donc c'est $ddy = 0$.

Remarquez aussi que dans tout ceci ce n'est que *AL* qu'on traite de plus grand, & non *AE*; & qu'ainsi ceci ne regarde que le point d'infléxion, & non de rebroussement. Il faut examiner ceci.

Page 60, Art. 66, 2°. ligne 7.

Or ſi l'on nomme, &c.

Fig. 51 52. des Infin. Petits.

1°. SI *B* eſt l'origine des x au-dedans de la courbe, *AL* ſera un *plus grand*, lorſque *F* ſera un point d'inflexion, & *AE* un *plus petit*, lorſque ce point *F* ſera un point de rebrouſſement ; & l'on aura pour lors *AL* ou $AT = x - \frac{ydx}{dy}$.

2°. Au contraire, ſi *C* eſt l'origine des x hors de la courbe, *AL* ſera un *plus petit*, lorſque *F* ſera un point d'inflexion, & *AE* un *plus grand*, lorſque le point *F* ſera un point de rebrouſſement ; & l'on aura pour lors, comme ci-deſſus, *AL* ou $AT = x - \frac{ydx}{dy}$.

REMARQUE.

ON trouve $ddy = 0$, ou $ddy =$ à l'infini dans le point *F*. Pour diſcerner ſi ce point eſt d'inflexion ou de rebrouſſement, il faut ſuppoſer des x plus grandes & enſuite moindres que *AE* ; & ſi l'on y trouve des ordonnées par-delà *F*, ce point ſera d'inflexion ; ſi l'on trouve qu'elles reviennent du côté de *M*, ce point *F* ſera de rebrouſſement.

Page 60, Article 66, 2°. ligne 11.

De ſorte que multipliant, &c.

L'Auteur ayant trouvé $-\frac{yddy}{dy^2} = 0$, le diviſe par $-\frac{y}{dy^2}$, & il trouve $ddy = 0$, ce qui peut faire d'abord quelque difficulté. Car pourquoi (dira-t-on) le diviſe-t-il par $\frac{-y}{dy^2}$, & non pas par $-\frac{ddy}{dy^2}$, ou par $-ddy$, ou par $-y$, ou pourquoi ne le multiplie-t-il pas par dy, &c.?

La réponſe eſt facile. Car puiſque $-\frac{yddy}{dy^2} = 0$, marque

que $-yddy = o$, & que cependant $-y$ eſt réel ; il faut que ce ſoit ddy qui ſoit $= o$, ainſi l'Auteur a eu raiſon de diviſer $\frac{-yddy}{dy^2}$ par $\frac{-y}{dy^2}$.

Voilà pour le cas où $-\frac{yddy}{\overline{dy}^2}$ eſt $= o$. Quant à celui où $-\frac{yddy}{\overline{dy}^2}$ eſt $= \frac{a}{o}$ infini abſolu ; il eſt pareillement viſible qu'il donne $ddy = \frac{a\overline{dy}^2}{yo} = \frac{a\overline{dy}^2}{o}$ infini abſolu. Remarquez la différence qu'il y a entre un infini abſolu & un infini relatif : l'infini abſolu, c'eſt le quotient d'une grandeur quelconque, diviſée par un veritable zero, comme $\frac{a}{o}$, $\frac{a\overline{dy}^2}{o}$, &c. Et l'infini relatif, c'eſt le quotient d'une grandeur diviſée par une autre également réelle, mais infiniment petite par rapport à elle, comme $\frac{a}{dx}$. Or il eſt viſible que lorſque $\frac{-yddy}{\overline{dy}^2}$, n'eſt pas $= o$, il doit être $= \frac{a}{o}$ infini abſolu ; car ſi $\frac{-yddy}{\overline{dy}^2}$ étoit $= \frac{a}{dx}$ infini relatif, l'on auroit $ddy = -\frac{a\overline{dy}^2}{ydx}$ infiniment petit, au lieu d'être infini, comme il le doit être, quand il n'eſt pas $= o$. Donc alors $ddy = \frac{a}{o}$ infini abſolu.

Pour bien ſentir la différence qu'il y a entre l'infini abſolu $\frac{a}{o}$, & l'infini relatif $\frac{a}{dx}$; il faut conſiderer que quelque grandeur m qui diviſe $\frac{a}{o}$, infini abſolu, elle donnera toujours $\frac{a}{mo} = \frac{a}{o}$ infini abſolu ; au lieu que diviſant $\frac{a}{dx}$, infini relatif, elle le changera en $\frac{a}{mdx}$ fini ſi m eſt auſſi un fini relatif.

Article 66, 2°. *Page* 61, *ligne* 6.

L'origine A des x, &c.

SI l'on remarque (*Fig.* 57. des Infin. Petits) que BT décroît à meſure que BM croît, au lieu que dans la Fig. 56, BT croît auſſi ; l'on aura (*Fig.* 57.) Ht négative pendant qu'elle ſera poſitive dans la Fig. 56, comme les mR ſont

& dans l'autre. Donc (*Figure* 57.) l'on aura $Ht = \frac{-dxdy^2 + ydxddy}{dy^3}$, & partant $Ht - Ho$ ou Ot sera $= \frac{-dxdy^2 + ydxddy - dx^3}{dy^3} = o$; ou à l'infini; ce qui revient à $\frac{dxdy^2 + dx^3 - ydxddy}{dy^3} = o$, ou à l'infini; comme on l'a trouvé page 62, Figure 56, des Infin. Petits.

Article 66, Page 62, ligne premiere.

En supposant dx constante.

Fig. 56 des Infin. Petits. SI l'on suppose dy constante, la différence de BT ($\frac{ydx}{dy}$) sera $Bt - BT$ ou $Ht = -\frac{dydx + yddx}{dy}$; & partant $OH + Ht$ ou $Ot = \frac{dx^3}{dy^2} + \frac{dydx + yddx}{dy} = \frac{dx^3 + dy^2dx + ydyddx}{dy^2}$. D'où il suit en multipliant par dy^2, que la valeur de $dx^3 + dy^2dx + ydyddx$ sera nulle ou infinie sous le point d'inflexion ou de rebroussement F.

Page 63, Art. 67, ligne premiere.

Nota. *A la tête de cet Eclaircissement qui ne comprenoit d'abord que le* 1°. *& le* 2°. *M. Varignon avoit mis ces mots*, à examiner, *qui montrent qu'il n'étoit pas content de ces deux remarques, & qu'il vouloit encore examiner cet Article. L'ayant fait dans la suite, il ajouta le* 3° *qui suit sous le titre de* difficulté, *& qui est écrit posterieurement d'une autre plume & d'une autre encre que le* 1°. *& le* 20. *Il a fallu remarquer ceci afin qu'on ne soit point surpris de l'opposition qui se trouve entre ce qu'il dit au* 1°. *& ce qu'il dit au* 3°. Secundæ curæ meliores.

1°. FIgure 52, 53, des Infin. Petits. Lorsque $ddy = o$, le point F est d'infléxion; & lorsque $ddy =$ à l'infini, ce point F est de rebroussement; puisque dans le premier cas, la différentielle de AL se trouve nulle par rapport à celle de AE, & infinie dans le second.

2°. De même Fig. 54, 55, 56, 57, des Infin. Petits.

Lorsque $dx^2 + dy^2 - yddy = 0$, le point F est d'infléxion; & lorsque $dx^2 + dy^2 - yddy =$, à l'infini, ce point F est de rebroussement: parceque dans le premier cas la différence (Ot) de BT se trouve nulle par rapport à dx, & infinie dans le second.

DIFFICULTÉ.

3°. REMARQUE: $ddy =$ à l'infini est si peu une marque sûre du point de rebroussement d'une courbe, que ce $ddy =$ à l'infini se trouve dans plusieurs non rebroussées. Par exemple dans la Roulette allongée de l'article 70, Fig. 59, des Infin. Petits, on trouve pour cette courbe $ddy = \frac{bcx - acc - bcc}{2cx - xx \times \sqrt{2cx - xx}} \times dx^2$ qui, en prenant $ddy =$ à l'infini, donneroit $2cx - xx = 0$, & conséquemment $x = 2c$, quoique cette courbe ne soit point rebroussée: cela prouve seulement qu'elle est touchée par sa derniere ordonnée BK en son extrémité K, ou qu'en ce point elle a $ddy =$ à l'infini.

De même dans la courbe AEF, telle que faisant un demi cercle ADB, le prolongement CE de son ordonnée DC, soit par tout $= AD$; si l'on prend $AB = 2a$, Fig. 20.
$AC = x$, & $CE = y$; le cercle ayant $CD = \sqrt{2ax - xx}$, & son arc $AD = \int \frac{adx}{\sqrt{2ax - xx}}$, l'équation de la courbe AEF sera $y = \int \frac{adx}{\sqrt{2ax - xx}}$, ou $dy = \frac{adx}{\sqrt{2ax - xx}}$; ce qui (en prenant dx constante) donnera $ddy = \frac{axdx^2 - aadx^2}{2ax - xx \times \sqrt{2ax - xx}}$. Si donc on prend ici $ddy =$ à l'infini, l'on y aura $2ax - xx = 0$, ou $x = 2a$: cependant la courbe AEF n'a point de point de rebroussement. Ainsi $ddy =$ à l'infini prouve seulement ici qu'elle est touchée en son extrémité F par sa derniere ordonnée BF, ou qu'en ce dernier point F elle a $ddy =$ à l'infini.

De même encore $ddy =$ à l'infini dans l'équation $ddy = \frac{-aadx}{2ax - xx \times \sqrt{2ax - xx}}$ resultante de celle du cercle en y prenant ses ordonnées $= y$, & dx constante; donnant aussi $2ax - xx = 0$, ou $x = 2a$, marque seulement que la touchante du cercle à l'extrémité de son diametre, est parallele à ses ordonnées, ou qu'à cette extrémité de son diametre, il a $ddy =$ à l'infini.

Et ainsi de plusieurs autres courbes où $ddy =$ à l'infini, marquera seulement des tangentes paralleles à leurs ordonnées sans aucun point de rebroussement. Donc, quoiqu'il y en ait d'effectivement rebroussées aux points déterminez par $ddy =$ à l'infini, comme dans la deuxiême parabole cubique de l'article 69 des Infin. Petits, ce ddy $=$ à l'infini n'en est pas une marque sûre: aussi la tangente en ce point est-elle parallele aux ordonnées de cette parabole dans cet art. 69.

Page 64, *Exemple II*, *Article* 69,

L'Auteur ne dit point si c'est ici un point de rebroussement ou d'infléxion.

Page 67, *Exemple V*, *Article* 72, *ligne* 18.

L'Auteur donne $\frac{a+\sqrt{aa-8ab}}{4}$ & $\frac{a-\sqrt{aa-8ab}}{4}$ pour les deux racines de $xx - \frac{ax}{2} + \frac{ab}{2} = 0$. Voici comment il les a trouvées.

L'égalité proposée $xx - \frac{ax}{2} + \frac{ab}{2} = 0$, se réduit à $xx - \frac{2ax}{4} = -\frac{8ab}{16}$; & en ajoutant $\frac{aa}{16}$ de part & d'autre, l'on fait $xx - \frac{2ax}{4} + \frac{aa}{16} = \frac{aa-8ab}{16}$. Donc $x - \frac{a}{4} = \pm\frac{\sqrt{aa-8ab}}{4}$, ou $x = \frac{a\pm\sqrt{aa-8ab}}{4}$. *Ce qu'il falloit démontrer.*

Page 69, *Exemple VII*, *Art.* 74, *ligne* 7.

Ayant nommé, &c.

Fig. 64 des des Infin. Petits. L'Auteur fait $EB = -\frac{ydx}{dy}$; parceque (dit-il) x croissant, y diminue. Cela est vrai depuis F à l'infini vers K;

mais depuis *A* jusqu'en *F* x & y augmentent & diminuent ensemble. Ainsi en prenant ces variables entre *A* & *F*; il faudroit $EB = \frac{ydx}{dy}$ du côté de *A*.

Page 69, Exemple VII, Art. 74, ligne 22.

De $dy\sqrt{\frac{mmyy - nnxx}{nx}} = \frac{nnxxdy - mmyydy}{nnxy}$, l'Auteur conclut $y\sqrt{mm - nn} = nx$: voici comment. Divisez la premiere égalité par $\frac{dy}{nx}$, il viendra $\sqrt{mmyy - nnxx} = \frac{nnxx - mmyy}{ny}$, ou $ny\sqrt{mmyy - nnxx} = nnxx - mmyy$; ce qui étant quarré, donne $n^2m^2y^4 - n^4x^2y^2 = \overline{n^2x^2 - m^2y^2}^2$, ou $-n^4x^2y^2 + n^2m^2y^4 = \overline{n^2x^2 - m^2y^2}^2$; & le divisant par $n^2x^2 - m^2y^2$, il viendra $-nnyy = nnxx - mmyy$, ou $mmyy - nnyy = nnxx$; ce qui donne $y\sqrt{mm - nn} = nx$. *Ce qu'il falloit, &c.*

Page 74, Art. 77, ligne premiere.

SOIT sur l'axe *BX* une courbe quelconque *BEQ*, dont *AC*, *EF*, *KM*, soient trois ordonnées infiniment proches les unes des autres, & paralleles entr'elles; Soient aussi *EN*, *KN* deux des rayons de sa dévelopée. Ensuite après avoir prolongé *AE* en *V*, en sorte que *EV* soit une touchante en *E* de cette courbe, soit l'arc *KG* décrit du centre *E*, & du rayon *EK*. Soient enfin *AD*, *EL*, *KR*, *GO*, paralelles à l'axe *BX*; & *RS*, *GH*, paralles à *MK*, qui prolongée rencontre *EV* en *P*. Cela fait, Figure 21.

Soit AE *constante, c'est-à-dire*, AE = EK = EG.

1°. L'on aura { *EN*. *EG* :: *EG*. *GK*. à cause des triang. semblab. *ENK* & *GEK*; *EG*. *GH* :: *GK*. *GO*. à cause des triang. semb. *EGH* & *KGO*.

Donc *EN*. *GH* :: *EG*. *GO*. Et par conséquent $EN = \frac{GH \times EG}{GO}$.

2. L'on aura $\begin{cases} EN \,.\, EG :: EG \,.\, GK \,. \text{ à cause des triang. semb. } ENK \text{ \& } GEK. \\ EG \,.\, EH \text{ ou } EL :: GK \,.\, OK, \text{ à cause des trian. semb. } EGH \text{ \& } KGO. \end{cases}$

Donc $EN \,.\, EL :: EG \,.\, OK$. Et par conséquent $EN = \frac{EL \times EG}{OK}$.

Soit AD *constante, c'est-à-dire*, AD = EL.

3°. L'on aura $\begin{cases} EN \,.\, EG :: EG \,.\, GK \,. \\ EL \,.\, EP \text{ ou } EG :: GK \,.\, PK \,. \text{ à cause de } EPL \text{ \& } KPG \text{ sembl.} \end{cases}$

Donc $EN \times EL \,.\, \overline{EG}^2 :: EG \,.\, PK$. Et par conséquent $EN = \frac{\overline{EG}^3}{EL \times PK}$

4°. L'on aura $\begin{cases} EN \,.\, EG :: EG \,.\, GK \,. \\ EL \,.\, LP :: GK \,.\, GP \,. \text{ à cause de } EPL \text{ \& } KPG \text{ semb.} \end{cases}$

Donc $EN \times EL \,.\, EG \times LP :: EG \,.\, GP$, Et par conséquent $EN = \frac{\overline{EG}^2 \times LP}{EL \times GP}$.

Soit ED *constante, c'est-à-dire*, ED = LK.

5°. L'on aura $\begin{cases} EN \,.\, EG :: EG : GK \\ RS \text{ ou } KL \,.\, ER \text{ ou } EG :: GK \,.\, KR \,. \text{ à cause de } ERS \text{ \& de } KRG \text{ semb.} \end{cases}$

Donc $EN \times KL \,.\, \overline{EG}^2 :: EG \,.\, KR$. Et par consequent $EN = \frac{\overline{EG}^3}{KL \times KR}$

6°. L'on aura $\begin{cases} EN \,.\, EG :: EG \,.\, GK \,. \\ RS \text{ ou } KL \,.\, ES :: GK \,.\, GR \,. \text{ à cause de } ERS \text{ \& } KRG \text{ sembl.} \end{cases}$

Donc $EN \times KL \,.\, EG \times ES :: EG \,.\, GR$, Et par conséquent $EN = \frac{\overline{EG}^2 \times ES}{KL \times GR}$.

Pour avoir toutes ces formules en termes analytiques, soient presentement appelées *AE* ou *EK*, *dv*; *AD* ou *EL*, *dx*; & *ED* ou *KL*, *dy*.

1°. Cela fait, il est visible qu'en supposant *AE* (*dv*), constante, c'est-à-dire, $AE = EK = EG$, l'on aura les triangles *AED* & *EGH* égaux & semblables; ce qui donnera pour lors HL ou $GO = ddx$, & $OK = ddy$. Et par conséquent aussi pour lors (n. 1.) $EN \left(\frac{GH \times EG}{GO}\right) = \frac{dydv}{ddx}$; & (n. 2.) $EN \left(\frac{EL \times EG}{OK}\right) = \frac{dxdv}{ddy}$.

2°. De même, si l'on fait AD (dx) constante, c'est-à dire, $AD = EL$, l'on aura les triangles AED & EPL égaux & semblables, ce qui donnera pour lors $PK = ddy$, & $PG = ddv$. Donc on aura aussi pour lors (n. 3.) $EN \left(\frac{\overline{EG}^3}{EL \times PK}\right) = \frac{dv^3}{dxddy}$; & (n. 4.) $EN \left(\frac{\overline{EG}^2 \times LP}{EL \times GP}\right) = \frac{dv^2 dy}{dxddv}$.

3°. Enfin si l'on fait ED (dy) constante, c'est-à dire, $ED = KL$, l'on aura aussi pour lors les triangles AED & ERS égaux & semblables ; ce qui donnera de même alors SL ou $RK = ddx$, & $GR = ddv$. Donc on aura aussi pour lors (n. 5.) $EN \left(\frac{\overline{EG}^3}{KL \times KR}\right) = \frac{dv^3}{dyddx}$; & (n. 6.) $EN \left(\frac{\overline{EG}^2 \times ES}{KL \times GR}\right) = \frac{dv^2 dx}{dyddv}$. *Ce qui est tout ce qu'il falloit ici trouver.*

COROLLAIRE I.

PUISQUE l'hypotese de AE (dv) constante (n. 1.) donne $EN = \frac{dydv}{ddx} = \frac{dxdv}{ddy}$, l'on aura $EN . 1 :: \left\{\begin{array}{l} dy . \frac{ddx}{dv} . \\ dv . \frac{ddx}{dy} . \\ dx . \frac{ddy}{dv} . \\ dv . \frac{ddy}{dx} . \end{array}\right\}$

Ce qui est le premier des Problêmes géneraux de M. Leibnitz pour les rayons osculateurs dans les Actes de Leipsix de 1694, page 365.

COROLLAIRE II.

PUISQUE l'hypotese de *ED* (dy) constante (n. 3.) donne $EN = \frac{dv^2}{dxddy} = \frac{dv^3}{dyddx}$, l'on aura [$EN \times \frac{dy}{dv} (FX)$. $1 :: dv^2 . ddx :: \frac{dv^2}{dy} . \frac{ddx}{dy}$.] ce qui est l'autre Theorême général de M. Leibnitz. *Ibid.*

Page 75, ligne 2.

SI l'on suppose dy constante, la difference de *MC* ($\frac{z\sqrt{dx^2+dy^2}}{dx}$) devant être nulle, l'on trouvera $dxdz\sqrt{dx^2+dy^2} + \frac{zdx^2ddx}{\sqrt{dx^2+dy^2}} - zddx\sqrt{dx^2+dy^2}, = 0$, c'est-à-dire, $\frac{dx^3dz + dxdy^2dz + zdx^2ddx - zdx^2ddx - zdy^2ddx}{dx^2\sqrt{dx^2+dy^2}} = 0$; ce qui donne $dx^3dz + dxdy^2dz = zdy^2ddx$, & de là $z = \frac{dx^3dz + dxdy^2dz}{dy^2ddx}$ (à cause de $dy = dz = \frac{dx^3 + dxdy^2}{dyddx}$.

Page 75, ligne 5.

METHODE POUR TROUVER LES COURBES que d'autres décrivent par leur dévelopement.

Fig. 22. *Soit une Courbe quelconque* ACO, *qui par son dévelopement, en décrive une autre* AMD : *la premiere étant donnée, on demande celle-ci.*

SOLUTION.

SOIT *CM* un rayon quelconque de la dévelopée *ACO*, dont l'axe soit *AO*, sur lequel des points *C* & *A* tombent les perpendiculaires *CF* & *AB*, que *ME* parallele à cet axe, rencontre en *E* & en *P*; soit le reste comme on le voit ici. Soient de plus $AF = x$, $FC = y$, $AP = v$, $MP = z$, & $Mm = dS$.

Cela

Cela posé, l'on aura (*Analyse des Infiniment Petits*, *page 75.*) $\frac{ds^2}{-ddz} = ME = z + x$; & par ainsi $x = \frac{ds^2}{-ddz} - z$. De plus $MR\,(dv) . Rm\,(dz) :: ME\left(\frac{ds^2}{-ddz}\right) . EC\,(y - v) = \frac{-dzds^2}{dvddz}$; & par ainsi encore $y = \frac{dzds^2}{-dvddz} + v$. Donc en substituant cette valeur de x & de y dans l'équation donnée de la dévelopée *ACO*, l'on aura celle de la courbe cherchée *AMD*, qu'elle décrit en se dévelopant.

Page 76, Art. 79, ligne 7.

Dans les maniéres premiere, seconde, troisiême, l'on fait (*Fig. 69.*) ddy positif; & dans la quatriéme (*Fig. 69.*) on fait ddy négatif, quoique ces Figures soient les mêmes. *Fig. 69. des Infin. Petits.*

Page 77, ligne 5.

POUR avoir Tt, on prend la différence de $TA = PT\left(\frac{ydx}{dy}\right) - AP\,(x)$; dont la différence (en prenant dx constante) donne $\frac{dxdy^2 - ydxddy}{dy^2} - dx = \frac{-ydxddy}{dy^2} = Tt$: & cela pour avoir un point fixe *A*. Cela n'est pourtant pas necessaire; on peut avoir Tt, en prenant tout d'un coup la différence de $TP\left(\frac{ydx}{dy}\right)$ qui est $\frac{dxdy^2 - ydxddy}{dy^2} = Tt + Pp$. Donc en retranchant Pp, (dx) l'on auroit $\frac{-ydxddy}{dy^2}$, comme de l'autre maniére.

Page 78, ligne 23.

SI l'on fait $Mm = dv$, l'on aura $MF = \frac{ydx}{dv}$, & $BF = \frac{ydy}{dv}$; & par conséquent. *Fig. 68 des Infin. Petits.*

1°. En faisant dy constante, l'on aura $Bf - BF$ ou $Hf = \frac{dvdy^2 - ydyddv}{dv^2} =$ (à cause de $dv = \sqrt{dx^2 + dy^2}$ & de $ddv = \frac{dxddx}{\sqrt{dx^2 + dy^2}} = \frac{dxddx}{dv}$) $= \frac{dv^2dy^2 - ydydxddx}{dv^3}$. Donc $Mm - Hf = \frac{dv^4 - dv^2dy^2 + ydydxddx}{dv^3}$ (à cause de $dv^2 - dx^2 = dx^2$) $= \frac{dv^2dx^2 + ydyddx}{dv^3}$. Or $Mm - Hf\left(\frac{dv^2dx^2 + ydydxddx}{dv^3}\right)$.

$Mm\ (dv)\ ::\ MH\ (\frac{ydx}{dv})\ .\ Mt = \frac{ydxdv^3}{dv^2dx^2 + ydydxddx} = \frac{ydv^3}{dv^2dx + ydyddx}$

2°. Si l'on prend dv pour constante, l'on aura $Bf - BF$ ou $Hf = \frac{dy^2 + yddy}{dv}$; & par conséquent $Mm - Hf = \frac{dv^2 - dy^2 - yddy}{dv} = \frac{dx^2 - yddy}{dv}$. Or $Mm - Hf\ (\frac{dx^2 - yddy}{dv})\ .\ Mm\ (dv)\ ::\ MH\ (\frac{ydx}{dv})\ .\ MC = \frac{ydxdv}{dx^2 - yddy} = \frac{ydydv}{dxdy - yddx}$.

REMARQUE. A cause de $dx^2 + dy^2 = dv^2$ constante, l'on aura $dxddx = dyddy$.

Page 80, après la ligne 17.

CONSTRUCTION GENERALE DES RAYONS des dévelopées des courbes qui ont leurs ordonnées paralleles, ou perpendiculaires à l'axe.

Fig. 23. SOIENT $AP = x$, $PM = y$, les coordonnées de la courbe AMD, dont les élemens soient dv ; MT une de ses touchantes quelconque, & MC le rayon de la dévelopée correspondant.

* Pag. 78 des Infin. Petits. I. On voit donc (* en faisant dy constante) que $MC = \frac{dv^3}{dyddx} = \frac{adydv^3}{ady^2ddx} = \frac{adv^2}{dy^2} \times \frac{dydv}{addx} = \frac{a \times \overline{MT}^2}{\overline{MP}^2} \times \frac{dydv}{addx}$.

Or en imaginant une courbe ZN dont les ordonnées soient $PN = \frac{adx}{dy} = \frac{a \times PT}{MP}$, dy constante donnera $dPN = \frac{addx}{dy}$; & par conséquent $\frac{dydv}{addx} = \frac{dv}{dPN}$ (la touchante NS donnant $SP\ .\ PN\ ::\ dx\ .\ dPN = \frac{PN \times dx}{SP}$) $= \frac{SP \times dv}{PN \times dx} = \frac{SP \times MT}{PN \times TP}$. Donc $MC\ (\frac{dv^3}{dyddx}) = \frac{a \times \overline{MT}^2}{\overline{MP}^2} \times \frac{SP \times MT}{PN \times TP} = \frac{a \times SP \times \overline{MT}^3}{\overline{MP}^2 \times PN \times TP}$ en grandeurs toutes finies.

II. Mais si l'on considere que (*Const.*) $PN = \frac{a \times PT}{MP}$, & $TP . MT :: MT . TQ = \frac{\overline{MT}^2}{TP}$, l'on aura $\frac{a \times SP \times \overline{MT}^3}{\overline{MP}^2 \times PN \times TP}$ $= \frac{SP \times MT \times TQ}{MP \times TP}$ (à cause que CM prolongée jusqu'à la rencontre de VT perpendiculaire à l'axe AQ, donne $MP . MT :: TQ . VQ = \frac{MT \times TQ}{MP}$) $= \frac{SP \times VQ}{TP}$. Donc aussi $MC \left(\frac{dv^3}{dyddx}\right) = \frac{SP \times VQ}{TP}$: de sorte qu'en general $TP . SP : VQ . MC$.

D'où l'on voit en general que pour trouver le rayon MC de la dévelopée d'une Courbe donnée quelconque AMD, il n'y a qu'à en tirer la touchante MT, & faire ensuite sur le même axe une courbe LN, dont chaque ordonnée PN soit quatriême proportionnelle à MP, PT, & à une constante quelconque a, & dont par consequent l'on aura aussi toujours les soutangentes SP; car alors si l'on fait comme TP à SP, ainsi VQ à une quatriême MC, cette quatriême proportionnelle MC sera le rayon cherché de la dévelopée.

III. *Exemple.* Soit AMD une parabole en general, dont on demande le rayon MC de la dévelopée. Son lieu $x = y^m$ donnera $dx = my^{m-1}dy$, ou $\frac{ydx}{dy}$ $(TP) = my^m = mx$. Donc $PN\left(\frac{a \times TP}{MP}\right) = \frac{max}{y}$ (à cause de $x = y^m$, ou de $x^{\frac{1}{m}} = y$) $= \frac{max}{x^{\frac{1}{m}}} = max^{1-\frac{1}{m}} = max^{\frac{m-1}{m}}$, & dPN $= \overline{m-1} \times ax^{\frac{m-1}{m}-1} dx = \overline{m-1} \times ax^{-\frac{1}{m}} dx = \frac{\overline{m-1} \times a}{x^{\frac{1}{m}}} dx$. Or $dPN\left(\frac{\overline{m-1} \times adx}{x^{\frac{1}{m}}}\right) . dx :: PN\left(\frac{max}{x^{\frac{1}{m}}}\right) . PS = \frac{mx}{m-1}$. Donc aussi $MC\left(\frac{SP \times VQ}{TP}\right) = \frac{VQ}{m-1}$ sera le Rayon des dévelopées de toutes les paraboles à l'infini ; ou de toutes les hyperboles à l'infini en rendant m négative.

Puisque $PN = max^{\frac{m-1}{m}}$, il est visible que LN est encore une parabole dont l'exposant des ordonnées PN est $\frac{m}{m-1}$.

Pour faire une courbe dont les ordonnées égalent ses rayons MC, il faut considerer qu'ici $MC\left(\frac{VQ}{m-1}\right)$

$$= \frac{MT\times TQ}{\overline{m-1}\,MP} = \frac{\sqrt{mmxx+yy}\times\overline{mx+\frac{yy}{mx}}}{\overline{m-1}\,y}$$ (à cause de $x = y^m$)

$$= \frac{\sqrt{\overline{mmxx+x^{\frac{2}{m}}}\times\overline{mmxx+x^{\frac{2}{m}}}}}{\overline{mm-m}\,.\,x^{\frac{m+1}{m}}} = \frac{\overline{mmxx+x^{\frac{2}{m}}}^{\frac{3}{2}}}{\overline{mm-m}\times x^{\frac{m+1}{m}}}$$, car en prenant

$z = MC$, l'on aura $z\ \frac{\overline{mmxx+x^{\frac{2}{m}}}^{\frac{3}{2}}}{\overline{mm-m}\times x^{\frac{m+1}{m}}}$, pour le lieu de cette courbe sur le même axe, & ayant les mêmes abscisses $AP = x$, que AMC.

Si l'on suppose $m = 2$, comme lorsque AMC est une premiere parabole, on aura $z = \frac{\overline{4xx+x}^{\frac{3}{2}}}{2\times x^{\frac{3}{2}}} = \frac{\overline{4x+1}^{\frac{3}{2}}}{2}$: de sorte qu'au sommet A, ou x est $= 0$, l'on aura $z = \frac{1^{\frac{3}{2}}}{2} = \frac{1}{2}$: c'est-à-dire, le rayon de la dévelopée égal à la moitié de son paramétre, &c.

Page 80, Proposition II.

PROBLEME.

Trouver le Point B *où commence la dévelopée, ou (ce qui revient au même) trouver le premier rayon* AB *de la dévelopée.*

SOLUTION.

Fig. 72 des Infin. Petits.

ENtre les rayons de la dévelopée MC, AB, il est visible

que AB est le plus petit de tous. D'ailleurs le rayon de la dévelopée valant l'arc dévélopé + une grandeur constante, ou + zero ; ce rayon au commencement de la dévelopée, ne doit valoir que cette grandeur constante, ou zero : Et par conséquent, il doit être là le plus petit de tous. Pour le trouver, il faut donc faire un *plus petit* du rayon général de la dévelopée.

Page 80, Problême ; Article 83.

POUR trouver le point où l'axe touche la dévelopée, il faut chercher le point où le rayon de la dévelopée est parallele à l'axe ; ce qui servira aussi à trouver ce parallélisme dans les courbes convexes du côté de leur axe, lequel ne sçauroit toucher leur dévelopée.

Page 83, Article 86, ligne 7.

$dx . dy :: ME \left(\frac{ydx^2 + ydy^2}{-2dy^2}\right) . EC = \frac{ydx^2 + ydy^2}{-2dxdy} = -\frac{ydx}{2y} = -\frac{ydy}{2dx}$.

Page 84, ligne 6.

Voyez ci-dessous l'éclaircissement sur la page 103, ligne 16.

Page 89, Exemple VI. Art. 91, ligne 8.

PUISQUE (*hyp.*) la raison $\frac{dy}{dx}$ est constante, soit $\frac{dy}{dx} = \frac{a}{b}$. Cela posé, si après avoir fait du centre A, & d'un rayon quelconque AD, le cercle GDF, qui rencontre AM, Am, en E, e, l'on appelle AD, a ; & DE, z ; l'on aura $AE(a) . AM(y) :: Ee(dz) . MR(dx) = \frac{ydz}{a}$. Donc on aura aussi $\frac{a}{b}\left(\frac{dy}{dx}\right) = \frac{ady}{ydz}$, c'est à dire $dz = \frac{bdy}{y}$; ou plûtôt $dz = -\frac{bdy}{y}$, à cause que $DE(z)$ & $AM(y)$ croissent alternativement. Et par conséquent, en integrant, $z = -bly \left(b\int\frac{dy}{y}\right)$ + le contraire de ce que $-bly$ devient lorsque $z = 0$. Or ce cas de $z = 0$, Fig. 14.

où de *E* en *D*, rendant aussi *M* en *D*, donne $-bly = -la$. Donc l'integrale complette sera ici $z = bla - bly = bl\frac{a}{y} = L\frac{a^b}{y^b}$. D'où l'on voit que l'arc *DE* (*z*) devient infini lorsque $y = 0$; & par consequent la spirale *DMA* doit faire une infinité de révolutions avant que d'arriver à son centre *A*.

AVERTISSEMENT.

LA Methode qui nous vient de conduire ici, est de M. Bernoulli Professeur à Groningue, presentée à l'Académie le 13 Decembre 1701.

Page 94, ligne 12.

M. Bernoulli (Jean) Professeur à Groningue, a démontré le contraire dans le mois de Juillet des Actes de Leipsik de 1699, pag. 318, & suiv. Il y a, dis-je, démontré une infinité de segments & de secteurs de cette premiere cycloïde, lesquels sont absolument quarables, c'est à dire, quarables indépendemment d'aucune quadrature du Cercle, ou de telle autre Courbe que ce soit.

Page 99, Article 105, ligne 13.

Voyez la Remarque qu'on fera cy-après sur la page 107, ligne premiere.

Page 100, ligne 10.

DIVISION DES ANGLES RECTILIGNES en tant de parties égales qu'on voudra.

LEMME.

Ce Lemme est le Theorême 4 *ad Sectiones angulares* de Viette, pag. 291 de l'édition de Hollande de 1646.

Soit un Arc circulaire quelconque AFB *divisé en tel nombre de parties égales qu'on voudra, par les cordes* AC, AD, AE, *&c. Je dis que la premiere* AC *est à la seconde* AD, *comme toute autre* AG *à la somme des deux plus voisines* AF + AH. Fig. 25.

DE'MONSTRATION.

Sur la prolongée AH soit appliquée $GM = AG$; & soient tirées les droites FG, GH: le triangle AGM étant isoscelle, l'angle M sera = ang. GAH = ang. FAG; l'on aura aussi l'angle $GMH = \frac{1}{2}$ arc. $GPQA = GFA$: Et par conséquent les deux triangles GHM, GFA, ayant les côtez $GM = AG$, de même que $GH = FG$, seront semblables & égaux. Donc on aura aussi HM = à la corde AF. Or ayant tiré la droite CD, les triangles ACD, AGM, seront semblables; car l'un & l'autre est isoscelle, & de plus ils ont à leurs bases les angles CAD & GAM égaux entr'eux. Donc enfin $AC \,.\, AD :: AG \,.\, AM = AH + HM = AH + AF$. *Ce qu'il falloit démontrer.*

COROLLAIRE.

De là se déduit une formule universelle pour la section des angles rectilignes en tant de parties égales qu'on voudra: Voici comment. Du point A soit le diametre AP, du point C le rayon CO & la droite CP.

Les angles P & D insistans sur le même arc CA, sont égaux ; & partant les triangles isoscelles COP, ACD, sont semblables ; ce qui donne $CO . CP :: AC . AD$. Soit donc donné l'arc AFB à diviser en tant de parties égales qu'on voudra. Soit le rayon $AO = a = 1$; la corde donnée $AB = b$; la corde cherchée $AC = x$: l'on aura $CP = \sqrt{4 - xx}$ (pour abreger) $= y$. Donc la seconde corde $AD = xy$. Pour avoir la troisiême AE, je remarque par le Lemme que AC est à AD, ou CO à CP, comme AD à $\overline{AE + AC}$, qui sera donc $= xyy$: de sorte qu'en ayant retranché AC ou x, il restera $AE = xyy - x$. Pour avoir la quatriême AF, je fais derechef par le Lemme, $CO . CP :: AE . \overline{AF + AD}$ qui sera $= xy^3 - xy$: ôtez-en AD, il restera $AF = xy^4 - 2xy$. Pour la cinquiême AG, je fais par le Lemme, $CO . CP :: AF . AG + AE = xy^4 - 2xyy$: ôtez-en AE ($xyy - x$) il restera $AG = xy^4 - 3xyy + x$. Et ainsi l'on trouvera en peu de temps un aussi grand nombre de ces cordes qu'on voudra.

Pour en tirer une formule universelle, il faut les disposer en forme de Table comme dans la page suivante ; & où l'on y remarquera une uniformité de progression ; car toutes les colonnes verticales sans les coefficiens, sont en progression geometrique qui commence par x & xy ; & les coefficiens sont des nombres figurez 1, 1, 1, 1, &c. 0, 1, 2, 3, 4, &c. 0, 0, 1, 3, 6, &c. 0, 0, 0, 1, 4, 10, &c. &c... dont on connoît la proprieté (*Bern. Thes. de seriebus infinitis pars prima* :) Sçavoir que chaque terme de quelque rangée que ce soit, est égal à la somme des termes de la précedente moins le dernier terme ; & que la somme des termes a toujours une raison constante au dernier terme. Cela étant ainsi, on trouvera facilement les derniers termes de ces colonnes verticales, en prenant n pour le nombre demandé des parties égales de

1	x
2	xy
3	$xyy - 1x$
4	$xy^3 - 2xy$
5	$xy^4 - 3xyy + 1x$
6	$xy^5 - 4xy^3 + 3xy$
7	$xy^6 - 5xy^4 + 6xyy - 1x$
8	$xy^7 - 6xy^5 + 10xy^3 - 4xy$
9	$xy^8 - 7xy^6 + 15xy^4 - 10xyy + 1x$
&c.	&c — &c + &c — &c + &c.....
n	$xy^{n-1} - \frac{n-2}{1} xy^{n-3} + \frac{n-3 . n-4}{1 . 2} xy^{n-5} - \frac{n-4 . n-5 . n-6 .}{1 . 2 . 3} xy^{n-7} + \frac{n-5 . n-6 . n-7 . n-8}{1 . 2 . 3 . 4} xy^{n-9}$

de l'arc *AFB*. Or la somme de ces derniers termes sera égale à la derniere corde *AB* qui est donnée $= b$; vous aurez donc cette égalité universelle pour toutes les sections angulaires, $b = xy^{n-1} - \frac{n-2}{1} xy^{n-3} + \frac{n-3 . n-4}{1 . 2} xy^{n-5} - \frac{n-4 . n-5 . n-6}{1 . 2 . 3} xy^{n-7} + \frac{n-5 . n-6 . n-7 . n-8}{1 . 2 . 3 . 4} xy^{n-9}$ &c. On voit assez comment la progression précédente se peut continuer tant qu'on voudra : la loi en étant très visible ; & cette progression comprend toutes les équations pour les sections angulaires de quelque degré qu'elles soient. On voit aussi que cette progression devient finie en chaque cas particulier ; car n étant un nombre entier, on parvient enfin nécessairement à un terme égal à zero, auquel étant arrivé on néglige les termes suivans; car ils n'appartiennent plus à la progression, comme il paroît par la construction de la Table précédente.

Exemple. S'il s'agit seulement de diviser l'arc ou l'angle proposé en trois parties égales; alors $n = 3$ réduira l'équation generale $ab = xy^{n-1} - \frac{n-2}{1} xy^{n-3} = xyy - x$ (à cause de $y = \sqrt{4 - xx}$) $= 4x - x^3 - x = 3x - x^3$, ou $x^3 - 3x + b = 0$, ou bien encore (à cause de $a = 1$) $x^3 - 3aax + aab = 0$. Ce qui fait voir que la Trisection geométrique de l'angle dépend de la solution d'une équation du troisiéme degré; & qu'ainsi elle est impossible par le cercle seul & la ligne droite.

On tirera de même de la précédente équation generale, l'équation particuliere de toute autre division d'angles en tel nombre de parties égales qu'on voudra.

Page 103 ligne 16.

L'Egalité $dx^2 dddy + dy^2 dddy - 3dyddy^2 = 0$, qui se trouve ici **pag. 103. art. 109.* se trouve encore *pag. 84. art. 86.* mais dans un sens tout différent: dans la *page 84.* elle sert à trouver le point de rebroussement de la dévelopée, & ici elle sert à trouver celui de la courbe qui naît du dévelopement. Dans l'un & dans l'autre cas les x & les y sont les abscisses & les ordonnées de la courbe qui naît du dévelopement. Cette formule est générale pour les *points de rebroussement de la seconde sorte* dans toutes sortes de courbes, & pour les points de rebroussement de la *premiere* dans les dévelopées, les x & les y appartenant toujours à la courbe qui naît du dévelopement dans toutes sortes de courbes dont x & y soient les ordonnées & les abscisses.

* Infin. Petits.

Il est à remarquer que l'on fait un *plus grand* de la raison de *Nn* à *Mm*, c'est à-dire de $\frac{Nn}{Mm}$, ce qui est effectivement vrai lorsqu'au point *A* (*fig. 91.* *) Le rayon *NH* est infini; mais lorsqu'en ce point ce rayon *NH* est zero, alors la raison de *NH* à *NM* ou de *Nn* à *Mm* est infinie. Donc cette raison étant exprimée par $\frac{dx^2dddy + dy^2dddy - 3dyddy^2}{dxddy^2}$, Si on la fait infinie, comme dans le premier cas, l'on aura $dxddy^2 = o$, ou (à cause de *dx* constante) $\pm\, ddy = o$; & dans le second l'on aura $dx^2dddy + dy^2dddy - 3dyddy^2 = o$.

* Des Infin. Petits.

L'Auteur met en général $\frac{dx^2dddy + dy^2dddy - 3dyddy^2}{dxddy^2} = o$ ou $= \infty$. Or $\frac{dx^2dddy + dy^2dddy - 3dyddy^2}{dxddy^2} = \infty$ multiplié par $dxddy^2 = o$, donne $dx^2dddy + dy^2dddy - 3dyddy^2 = \infty \times dxddy^2 = \infty \times o$; ce qui est réel & non zero, cet *o* ne marquant pas ici un zero absolu, mais seulement un infiniment petit.

Il faut faire aussi cette remarque sur la même formule qui est dans la page 84.

Page 104. Article 110 ligne 12.

LA raison pour laquelle *Om* est plutôt difference de *LM* que de *MF*, c'est que les *LM* toujours perpendiculaires sur *ILK*, ne different jamais que des *Om*; au lieu que les *MF* ont de plus des differences qui résultent du changement continuel des points *F*.

Page 104. Article 110 ligne 19.

DIfficulté. L'Auteur (*fig. 94. 95. 108*) *fait l'arc $HF = BM - BA + ME - AH$. de sorte que lorque *B* est infiniment éloigné, comme dans les figures 96. 109.* ayant pour lors $AB = BM$, l'on auroit $HF = MF - AH$. Ce qui est faux.

* Des Infin. Petits.

* Des Infin. Petits.

Cependant parceque (*fig. 94. 97. 108.**) $BM - BA$

* Des Infin. Petits.

$= PM$, l'on aura auſſi $HF = PM + MF - AH$. Ce qui eſt vrai.

Il faut voir pourquoi dans la premiere égalité on ne peut pas faire $AB = BM$, lorſqu'ils ſont tous deux infinis, quoique cela ſe pratique partout ailleurs. On le peut enſorte qu'alors $AB + BM = 2AB = 2BM$, parceque la difference de AB, BM, eſt infiniment petite par raport à eux ; mais cela n'empêche pas que $BM - BA$ ne ſoit $= PM$.

Page 106 Article 113. ligne 10.

* Des Infin. Petits.

IL eſt à remarquer que dans l'art. 77. * page 74. & ſeq. (ME eſt là appellée z, & ici a ; à cauſe qu'elle varie là, & non ici) on a trouvé en général, c'eſt-à-dire dans le cas des appliquées (y) concourantes en B, ME (a) $= \frac{y\overline{dx}^2 + y\overline{dy}^2}{\overline{dx}^2 + \overline{dy}^2 - yddy}$. Donc en ſubſtituant cette valeur de a dans la formule ſuivante (*pag. 107.* *) $\frac{ay}{2y - a}$ (MF), l'on aura auſſi en général $MF = \frac{y\overline{dx}^2 + y\overline{dy}^2}{\overline{dx}^2 + \overline{dy}^2 - 2yddy}$.

* Des Infin. Petits.

De ſorte que lorſque le point B ſera infiniment éloigné ; le rayon réfléchi MF, que la formule $\frac{ay}{2y - a}$ rendroit $= \frac{a}{2}$ deviendra ici $= \frac{\overline{dx}^2 + \overline{dy}^2}{-2ddy}$

EXEMPLE.

Fig. 26.

SOIT une parabole AMD dans laquelle tombent des rayons BE paralelles à ſon axe AB ; ſoient $ME = y$ les ordonnées de cette courbe conformément à celles de la formule, $DE = x$ ſes abſciſſes, $DC = b$, ſon parametre en $A = p$, ſon lieu ſera $py = 2bx - xx$; ce qui donne $dy = \frac{2bdx - 2xdx}{p}$, $\overline{dy}^2 = \frac{\overline{2b - 2x}^2 \times \overline{dx}^2}{p^2}$, & (en faiſant dx conſtante) $ddy = \frac{-2\overline{dx}^2}{p}$. Donc en ſubſtituant ces valeurs dans la derniere formule $\frac{\overline{dx}^2 + \overline{dy}^2}{-2udy}$ (MF), l'on aura ici $MF = \frac{p^2 + \overline{2b - 2x}^2}{4p}$; de sorte qu'en D (où x est $= o$) l'on aura ce rayon réfléchi $= \frac{p^2 + 4bb}{4p}$, & en A (où $x = b$) l'on aura ce rayon $AF = \frac{p}{4}$; ce qui fait voir que la caustique rencontre ici l'axe à une distance AF égale au quart du paramétre.

Pour faire voir présentement que non-seulement cette caustique coupe l'axe de la parabole à cette distance; mais encore qu'elle s'y rassemble toute, c'est-à-dire que tous les rayons réfléchis se rassemblent au point F de cet axe : il faut remarquer que *art. 110. pag. 104. des Infiniment Petits*, il a été démontré que cette caustique vaut ME (y ou $\frac{2bx - xx}{p}$) + le rayon réfléchi en M ($\frac{pp + 4bb - 8bx + 4xx}{4p}$) — le rayon réfléchi en D ($\frac{pp + 4b}{4p}$). Donc cette caustique sera $= \frac{2bx - xx}{p} + \frac{pp + 4bb - 8bx + 4xx}{4p} - \frac{pp - 4bb}{4p} = \frac{8bx - 4xx + pp + 4bb - 8bx + 4xx - pp - 4bb}{4p} = o$, c'est-à-dire, d'une longueur nulle, ou réduite en un point qu'on vient de voir être F, dans lequel tous les rayons réfléchis se rassemblent.

Page 107. ligne 1.

APPELLANT B, y; ME, a; on trouve $MF = \frac{ay}{2y - a} = \frac{BM \times ME}{2BM - ME}$. Donc 1°. Lorsque $2BM > ME$, les MF sont convergens.

2°. Lorque $2BM < ME$, ils sont divergens.

3°. Lorsque $2BM = ME$, ou $BM = \frac{1}{2} ME$, ils sont paralelles.

Or en faisant le cercle MPQ sur le diametre $MQ = \frac{1}{2} MC$, l'on aura $MP = \frac{1}{2} ME$. Donc 1°. Lorsque le point B sera hors ce cercle, les MF seront convergens; 2°. Lorsque ce point B sera en P, ils seront paralelles ; 3°. Et lorſque *B* ſera dans ce cercle, ils ſeront divergens.

DIFFICULTÉ.

SI la courbe *AMD*, de concave qu'elle eſt, devenoit convexe par raport à *B*, il eſt queſtion de ſçavoir ſi c'eſt *BM* ou *EM*, c'eſt-à-dire *BM* ou *CM*, qu'il faudroit faire négative. Ce qui fait d'abord penſer que *CM* peut devenir négative, auſſi bien que *BM*, c'eſt qu'on peut regarder *B* comme fixe pendant que la courbe ſe renverſe ; & en ce cas c'eſt le point *C* qui ſemble paſſer de l'autre côté, de même que *B* feroit ſi l'on ſuppoſoit la courbe & le point *C* fixes.

RÉPONSE.

LE point *C* étant toujours du côté de la concavité de la courbe *AMD*, il ne ſçauroit changer de côté par raport à elle ; & s'il en change par raport à *B* lorſqu'elle ſe renverſe, ce n'eſt que pour la ſuivre, & pour n'en point changer par raport à elle. Comme donc le poſitif & le négatif des lignes *BM*, *CM*, dépend de leur poſition par raport à la courbe, & que *CM* n'en change jamais, ſe trouvant toujours du côté de la concavité, quelque ſituation que cette courbe prenne ; il ſuit que c'eſt à *BM* à devenir poſitive ou négative, ſelon qu'elle ſe trouve de côté ou d'autre de la courbe, c'eſt-à-dire, du côté la concavité ou de la convéxité.

* Des Infin. Petits.

C'eſt pour cela que dans les Fig. 87. 88.* *OB* étant toujours demeuré du côté de la concavité de l'arc *BGD*, il eſt toujours demeuré poſitif, au lieu que *AB* en a changé, & il eſt devenu négatif (*Fig. 88.*) de poſitif qu'il étoit (*Fig. 87.*)

REMARQUE GENERALE pour le changement des signes + & —.

EN général les grandeurs qui terminées à une courbe, deviendroient zero dans cette courbe, ne deviennent de positives négatives, ou de négatives positives, qu'en se trouvant tantôt du côté de la concavité de la courbe, tantôt du côté de sa convéxité, soit qu'elles y ayent effectivement passé, ou que la courbe se soit retournée par raport à elles; & c'est en ce sens qu'il faut dire que ces grandeurs en changeant de côté par raport à la courbe, deviennent de positives négatives, ou de négatives positives. Ainsi celles qui demeurent toujours du même côté de la courbe, ne changent point de signe.

Il est à remarquer qu'une grandeur est toujours positive du côté où on l'a supposée en faisant le calcul; c'est-à-dire, que l'ayant prise positivement en faisant le calcul, elle demeure positive tant qu'elle ne change point le côté qu'elle avoit alors.

Page 107. Article 114.

Le rayon de la dévelopée entre dans la valeur de *MF*, en ce qu'il entre dans la valeur de *EM* (*a*).

Page 108. ligne derniere ajoutez,

La caustique sera toujours ici une ligne droite.

A la même page & même ligne,

CEtte conséquence se peut aussi prouver sur la Fig. 97.* Car lorsque *MC* est infinie, *MQ* l'est aussi; & par con- * *Des Infin. Petits.*

séquent *BM* se trouvera toujours au dedans du cercle alors infini *MPQ*. Donc alors (suivant la remarque de la page 107. ligne 1.) les rayons réfléchis seront divergens. Or lorsque *Mm* est une ligne droite, le rayon *MC* est infini. Donc, &c.

Page 109. Article 118. ligne 1.

DEux points quelconques des trois *B*, *C*, *F*, étant donnés, l'on aura le troisiéme. Car prenant $MF = x$, l'on aura (*Art. 113.**) $MF\ (x) = \frac{ay}{2y-a}$. Donc 1°. si *B* & *C*, c'est-à-dire, a & y sont donnés, l'on aura $x = \frac{ay}{2y-a}$, c'est-à-dire, *F*. 2°. Si *B* & *F*, c'est-à-dire, x & y sont donnés, l'on aura $a = \frac{2xy}{y+x}$, c'est-à-dire, *C*. 3°. Si *C* & *F*, c'est-à-dire, a & x sont donnés, l'on aura $y = \frac{ax}{2x-a}$, c'est-à-dire, *B*.

* *Des Infin. Petits.*

Page 117. Sur la Proposition II. Art. 128.

Fig. 27. POur prouver que *HF* est la caustique de la courbe *AM* décrite de la premiere maniere, suffit-il de prouver que $AH + HE = MP + MF$? ne faudroit-il point encore prouver que *BM* & *MF* font des angles égaux sur *AM* ?

Suivant cette maniere de construire la courbe *AM*, si les rayons *BA*, *BM*, devenoient paralelles, la Figure 108* deviendroit celle-ci. Et pour avoir en ce cas la courbe *Am* par cette pratique, il faudroit prendre sur le rayon incident *BP* perpendiculaire à l'axe *AP*, telle portion *PM* qu'on voudra, avec $AH + HE = PM$; ensuite déveloper la portion de caustique *EF* en commençant au point *E*, jusqu'à ce qu'elle rencontre *MK* paralelle à *AP*, en quelque point *m*; ce point *m* sera un de ceux de la courbe cherchée, & le rayon *bm* paralelle à *AB*, se réfléchira au point *m* sur la courbe *Am*,

* *Des Infin. Petits.*

Am, & son réfléchi mF touchera en F la courbe HF; & par tant HF en ce cas sera la caustique de Am. La raison de tout cela c'est que $pm = PM = AH + HE$, & $mF = EF$, donnent $pm + mF = AH + HF$.

Page 121. ligne 11.

DAns cette Fig. (112) à cause de $mR . mO :: CE . CG :: m . n$. L'on aura AP (somme des mR). ML (somme de mO) :: $m . n$. ou $n \times AP = m \times ML$, c'est-à-dire, $n \times \overline{AB - BM} = m \times \overline{AH - MF - FH}$; & par consequent $FH = AH - MF + \frac{n}{m} BM - \frac{n}{m} AB$. *Des Infin. Pet. Fig. 28.

Page 122. ligne 9.

IL faut voir si la construction, qui est ici, ne pouroit pas s'accommoder aux lignes droites; ou si elle conviendroit mieux aux courbes lorsque $n > m$ comme dans l'art. 139. Fig. 116 des Infin. Petits.

Page 123. sur le Corollaire II. Art. 135.

1°. VOyez ci-dessus l'éclaircissement donné sur la page 107 ligne 1.

2°. La raison pour laquelle a (*Fig. 111. des Infin. Petits.*) devient de positive négative, lorsque ME (a) passe de l'autre côté de MF; c'est que cela ne peut arriver que lorsque BM passe du côté de C, comme en tournant de B vers C; & en ce cas EM (a) devient $= 0$, & ensuite négatif, aussi bien que BM (y). de sorte qu'en ce cas $\frac{bbmy}{bmy - any - aan}$ devient $\frac{-bbmy}{-bmy - any - aan}$ ou $\frac{bbmy}{bmy + any + aan}$; ou s'il n'y avoit que a négative, la formule $\frac{bbmy}{bmy + any \pm aan}$; & par conſéquent pour les deux cas de a & de y, toutes deux négatives, ou de a ſeulement négative, l'on aura $\frac{bbmy}{bmy + any \pm aan}$. Si y ſeule devenoit négative, la formule $\frac{bbmy}{bmy + any - aan}$ deviendroit $\frac{-bbmy}{bmy + any - aan}$ ou $\frac{bbmy}{bmy - any + aan}$. De ſorte que lorſqu'il n'arrive aucun changement à a, mais ſeulement à y, comme lorſqu'il ne s'agit que de refraction (en ce cas le rayon incident & le rayon rompu ſe trouvent toujours du même côté du rayon de la dévelopée) l'on a generalement $\frac{bbmy}{bmy - any \mp aan}$, le ſigne ſuperieur de $\mp$ marque le cas où y eſt poſitive ; & l'inférieur, celui où elle eſt négative. Mais ſi l'on ſuppoſe de plus que a ſoit négatif, cette formule ſe réduira à $\frac{bbmy}{bmy + any \mp aan}$; de ſorte que ſi $a = b$, & $m = n$, comme lorſque la réfraction ſe change en réfléxion, l'on aura $\frac{ay}{2y \mp a}$; ce qui s'accorde avec l'art. 13, des cauſtiques par réfléxion ; le ſigne ſuperieur dans $\mp$ marquant y poſitif ici & là ; & l'inférieur, y négatif ; mais avec cette différence qu'ici l'y poſitif eſt du côté de la convéxité de la courbe, & le négatif du côté de ſa concavité. C'eſt-à-dire que le ſigne ſupérieur de $\mp$ marque là le point lumineux audedans de la courbe, & ici au dehors ; ou (ce qui revient au même) le ſigne ſupérieur — marque de part & d'autre le point lumineux du côté qu'on l'a ſuppoſé en faiſant le calcul, & le ſigne +, de l'autre côté.

Pag. 123, *Corollaire II. Art.* 135.

Voyez ce qui a été dit ci deſſus ſur la page 107. l. 1.

Page 123, sur le Corollaire III. Art. 136.

IL eſt à remarquer qu'on ne parle de rayons rompus convergens ou divergens, qu'après qu'ils ont traverſé la courbe dans laquelle ils ſe rompent.

Page 124, ligne 3.

MF eſt poſitive concourante du côté de la dévelopée dans le premier cas, & négative concourante du côté oppoſé dans le ſecond.

Page 124, ligne 8.

Si $m < n$, l'on aura $CE < CG$. Donc $ME\ (a) > MG\ (b)$.

Page 124, ligne 10.

Parceque MF ſera négative dans le premier cas, & poſitive dans le ſecond.

Page 124, ligne 15.

$MH\ \frac{bm}{n} - a$ eſt poſitif lorſque $m > n$; $MH = a - \frac{bm}{n}$ négatif lorſque $m < n$.

Page 124, ligne 25.

Car (*hyp*) $CE = 0$. Or (*hyp*) $m . n :: cE\ (0) . CG$. Donc $CG = 0$.

Page 125, ligne 6.

PROPOSITION I.

SI *la pointe* M *d'un triangle rectiligne quelconque* CME *s'éloigne à l'infini de ſa baſe* CE, *qui demeure toujours la* Fig. 29.

même ; Je dis que ses côtés CM , EM , *deviendront infinis & geométriquement égaux ou ne differeront que d'une grandeur infiniment petite par raport à eux.*

DEMONSTRATION.

SI du centre *M* on fait un arc *EO* ; il est visible que dans l'éloignement du point *M* à l'infini, les droites *ME*, *MO*, seront toujours égales entre elles, de sorte que *ME* & *MC* ne differeront jamais que de la valeur de *OC* ; laquelle, lorsque le point *M* est infiniment éloigné, devient tout-à fait nulle, si l'angle *MEC* est droit, à cause qu'en ce cas *OE* se confond avec *CE* ; ou si l'angle *MEC* n'est pas droit, le triangle *OCE* ayant pour lors tous ses angles finis, ses côtés *CO* & *CE* seront de même genre, c'est-à-dire que *CE* étant alors infiniment petite par raport à *ME*, *MO*, que l'éloignement infini du point *M* rend infinies, la difference *OC* de ces grandeurs infinies *ME*, *MO*, sera aussi infiniment petite par raport à elles. Donc lorsque la pointe *M* du triangle *MEC* est infiniment éloignée de la base *CE* qu'on suppose constante, les deux côtés *CM*, *EM*, alors infinis, ne differeront que d'une grandeur infiniment petite par raport à elles, au point du tout. Et par conséquent, ils seront geométriquement égaux, c'est-à-dire que leur raport sera d'égalité, une telle différence n'étant rien par raport à eux. *Ce qu'il falloit démontrer.*

COROLLAIRE.

QUoique *OC* ne soit rien par raport aux grandeurs infinies *CM*, *EM*, le raport qu'elle a à *CE*, lorsque l'angle *MEC* n'est pas droit, fait cependant voir qu'elle est une véritable grandeur finie. Ainsi quoique dans la supposition du point *M* infiniment éloigné de la base constante *BC*, l'on ait toujours $CM = EM$, il ne faudra pourtant dire $CM - EM = o$, que lorsque l'angle *MEC* sera droit; car s'il ne l'est pas, $CM - EM$ ou *CO* sera quelque chose & même une grandeur de même genre que *CE*, c'est-à-dire, une grandeur finie. Ainsi en ce dernier cas l'on peut dire que *MC* & *ME* sont geometriquement égales & arithmetiquement inégales: *geometriquement égales*, parceque leur raport est d'égalité. Et *arithemetiquement inégales*, parceque cette difference est une grandeur finie, quoique nulle par raport à elles.

PROPOSITION II.

AU *contraire si la base* CE *s'éloigne à l'infini de la pointe* M, *toujours paralellement à elle-même, l'angle* M *demeurant aussi toujours le même; les côtés* MC, ME, *deviendront infinis; mais nullement égaux, s'ils ne le sont dés-à-present.* Fig. 30.

DEMONSTRATION.

PUisque (*hyp.*) *CE* demeure toujours paralelle à elle-même, & que l'angle *M* ne change point; quelque grand que devienne le triangle *CME*, il sera toujours semblable à celui-ci; & par conséquent les côtés *CM*, *ME*, quoiqu'infinis, auront toujours entre eux le même raport qu'ils ont ici; donc en les y supposant inégaux, quelque grand qu'on suppose cet éloignement de la base *CE*, ils ne deviendront jamais geométriquement égaux, & encore moins arithemétiquement. *Ce qu'il falloit démontrer.*

COROLLAIRE.

SI *a* & *b* sont infinies dans la formule $\frac{bbmy}{bmy - any + aan}$, les termes *bmy*, *any*, seront nuls par raport aux autres *bbmy*, *aan*; ce qui réduira cette formule à $\frac{bbmy}{\mp aan}$ dans laquelle les grandeurs *a* & *b*, qu'on a regardées comme infinies, seront regardées comme finies, à cause du raport qui en est fini.

DIFFICULTE'.

SI *a* & *b* sont infinies, il semble que $\frac{bbmy}{\mp aan}$ soit $= \frac{my}{n}$; car il semble qu'alors *a* soit $= b$, ces deux grandeurs étant de même espece & infinies.

RE'PONSE.

CEtte difficulté suppose que tous les infinis sont égaux; ce qui n'est pas vrai. La fin de la page 125 *, explique ceci. Car (*Fig.* 114. *) les triangles *MEC* & *MBO*, *MGC* & *MLO* demeurant toujours semblables de quelque grandeur qu'on suppose *CM*; il suit que quand il seroit infini; & *MG* (*b*), *ME* (*a*) aussi, l'on auroit toujours *ME* (*a*). *MG* (*b*) :: *BM*. *ML*. C'est-à-dire, inégales. De là on voit qu'il n'arrivera jamais $ME = MC$.

* Des Infin. Pet.

* Des Infin. Pet.

Page 125, *ligne* 7.

' Seront aussi infinies parcequ'un infiniment petit est infini par raport à son quarré.

Page 126, *Article* 136, *ligne* 20.

$$HFN = HA - DN - \tfrac{2}{3} AC = 3AC - \tfrac{2}{3} AC - DN = \tfrac{7}{3} AC - DN \left(\sqrt{\overline{CD}^2 + \tfrac{4}{9}\overline{CD}^2}\right) = \tfrac{7}{3} AC - \tfrac{1}{3} AC\sqrt{5} = AC \times \tfrac{7 - \sqrt{5}}{3}.$$

Puisque $FH = AH - \frac{2}{3} PM$, l'on aura la caustique entiere $HFN = AH\ (3CA) - DN - \frac{2}{3} CA = \frac{7}{3} CA - DN$ (à cause de $DN = \sqrt{\overline{CD}^2 - \overline{CN}^2} = \sqrt{\overline{CD}^2 - \frac{4}{9}\overline{CD}^2} = \sqrt{\frac{5}{9}\overline{CD}^2} = \frac{1}{3} CA\sqrt{5}$) $= \frac{7}{3} CA - \frac{1}{3} CA\sqrt{5} = \frac{7-\sqrt{5}}{3} CA.$

Ibidem. La Caustique entiere $HFN = AH + \frac{1}{2} AK = 2CA + \frac{1}{3} AK$ (à cause de $CK = \sqrt{\overline{CA}^2 - \overline{NK}^2} = \sqrt{\overline{CA}^2 - \frac{4}{9}\overline{CA}^2} = \frac{1}{3} CA\sqrt{9-4} = \frac{1}{3} CA\sqrt{5}$, l'on aura $AK = CA - \frac{1}{3} CA\sqrt{5}$, & $\frac{1}{2} AK = \frac{1}{2} CA - \frac{1}{2} CA\sqrt{5}$) $= 2CA + \frac{1}{2} CA - \frac{1}{2} CA\sqrt{5} = \frac{7}{2} CA - \frac{1}{2} CA\sqrt{5} = \frac{7-\sqrt{5}}{2} CA.$

Puisque $NK = \frac{2}{3} CD$, & que sur l'arc ND il ne se fait plus aucune réfraction, on voit qu'il est entierement inutile de faire des verres sphériques d'une plus grande corde que les deux tiers du diametre, lorsque les rayons sont paralelles, comme on suppose d'ordinaire ceux du soleil jusqu'à nous.

Quoique AB, MB soient infinies, l'auteur ne laisse pas de les concevoir inégales, en disant que $AB - MB = MP$. D'où l'on voit que si en les comparant entr'elles, on les fait égales, c'est parceque cette différence PM n'est rien par raport à elles, mais en elle-même, elle est toujours quelque chose, & étant finie elle doit toujours être comptée avec des grandeurs finies. Tout cela s'accorde avec le Corollaire de la Proposition 1. ci dessus page 68. & 69.

Page 129, *ligne* 3.

CAr cette Analogie donnant $m\sqrt{aa - 2ax + xx + yy} = n\sqrt{xx + yy}$, ou $aamm - 2ammx + mmxx + mmyy = nnxx + nnyy$, l'on aura $mmyy - nnyy = 2ammx - aamm - mmxx + nnxx$, & enfin $yy = \frac{2ammx - aamm}{mm - nn} - xx$.

Page 130, *ligne* 14.

PAr l'article 132, l'on a $DH + \frac{n}{m}CN - \frac{n}{m}DC = NF + FH$, & $AH - \frac{n}{m}BM + \frac{n}{m}BA = MF + FH = MN + NF + FH$. Il faut exécuter la construction qui suit de ceci.

Page 131, *Article* 146, *ligne* 6.

POur voir comment le point touchant de chaque parabole *AMC* avec la courbe cherchée, est le point d'intersection de cette parabole avec son infiniment voisine, il faut considerer cette courbe touchante comme un polygone d'une infinité de côtés pris sur les paraboles qu'il touche, & qui lui sont communs avec ces paraboles à l'endroit où il les touche. Ainsi le point d'intersection où concourent deux côtés dans lesquels deux paraboles infiniment voisines sont touchées par cette courbe, sera un des angles du polygone qui la forme ; & par conséquent il sera dans cette courbe.

Pour le voir encore plus nettement, il faudra considerer que cette courbe touchante n'est faite que de portions infiniment petites des paraboles, dans lesquelles ces paraboles sont touchées par cette courbe. Ainsi le concours de ces portions, c'est-à-dire, les intersections de ces paraboles infiniment voisines seront dans cette

cette courbe ; & comme ces portions d'atouchement peuvent être prises pour des points, elles peuvent être regardées comme les points d'atouchement de ces paraboles avec la courbe touchante.

Page 132, *ligne* 1.

POur voir comment l'équation précedente (*Page* 131 *) $2zxdx = 2vxdy + 2vydx - v^2dy$ donne $v = \frac{2xxdy - 2yxdx}{xdy - 2ydx}$, en y substituant la valeur de z, il faut remarquer que l'on vient de trouver (*Pag.* 131.*) $zxx = 2vxy - vvy$ pour l'équation commune à toutes les paraboles *AMC* dont il s'agit ici ; & par conséquent $z = \frac{2vxy - vvy}{xx}$. Donc en substituant cette valeur de z dans $2zxdx = 2vxdy + 2vydx - vvdy$, l'on aura $\frac{4vxydx - vvydx}{x} = 2zxdx$ (*Pag.* 131.*) $= 2vxdy + 2vydx - vvdy$, ou $2vxydx - 2vvydx = 2vxxdy - xvvdy$, c'est-à-dire, $vxdy - 2vydx = 2xxdy - 2xydx$; & par conséquent $v = \frac{2xxdy - 2xydx}{xdy - 2ydx}$.

* Des Infin. Petits.

* Des Infin. Petits.

* Des Infin. Petits.

Il est à remarquer que les y (*PM*) ayant été pris ici pour les axes des paraboles *AMC*, & les x (*AP*) pour leurs ordonnées, ces grandeurs x & y doivent croître ou décroître en même tems : ainsi l'on a eu raison de prendre ici leurs différentielles dx & dy toutes deux positives. Ce sont les v (*AK*), z (*KC*), qui croissent ou décroissent en tems différens ; c'est pour cela que si on les eût différentiées, il auroit falu en affecter les différences dv, dz, de signes contraires, c'est-à-dire, en faire une positive & l'autre négative.

Page 132, *Article* 147, *ligne* 4.

POur voir comment l'égalité $xx = 4ay - 4yy$ donne ici *AK* ($\frac{2xxdy - 2xydx}{xdy - 2ydx}$) $= \frac{ax}{y} = v$, il faut remarquer que

$xx = 4ay - 4yy$ donne $dy = \frac{xdx}{2a-4y}$. Donc en substituant cette valeur de dy dans AK ($\frac{2xxdy - 2xydx}{xdy - 2ydx}$, l'on aura $AK = \frac{\frac{2x^3dx}{2a-4y} - 2xydx}{\frac{x^2dx}{2a-4y} - 2ydx} = \frac{2x^3 - 4axy + 8xyy}{xx - 4ay + 8yy}$; & en mettant pour xx sa valeur $4ay - 4yy$, l'on aura enfin AK ($\frac{2xxdy - 2xydx}{xdy - 2ydx}$) $= \frac{8axy - 8xyy - 4axy + 8xyy}{4ay - 4yy - 4ay + 8yy} = \frac{4axy}{4yy} = \frac{ax}{y} = v$.

Page 133, *ligne* 12.

IL est à remarquer que $xx = 4ay - 4yy$ exprime tout à la fois la demi-ellipse *AMB*, & la parabole *AMC*; mais avec cette différence que cette équation est le lieu de la demi-ellipse *AMB* & qu'elle lui convient par tout, au lieu qu'elle ne convient à la parabole *AMC* que par raport à l'ordonnée *AP* & à l'abscisse *PM*.

De ce que *G* est le foyer de la parabole *AMC*, sa tangente en *A* doit diviser en deux également l'angle *BAG*, comme on le sçait par les élémens.

Page 133, *ligne* 13.

$4ay - 4yy$) puisque xx ($\overline{AP}^2$) $= 4ay - 4yy$ ($\overline{4a - 4y} \times MP$).

Page 133, *ligne* 21.

Par tous les points *C*) parcequ'elles auront le même paramétre, & les sommets différens sur le même axe.

Page 134, *Article* 148, *ligne* 14.

LA raison pour laquelle on ne fait point $PK = v$; constante, c'est que les points *P* & *p* changent & que *K* demeure immobile, pendant qu'on passe de *P* en *p*, répondant à l'intersection *C* de deux cercles qui ont *P*, *p*, pour centres.

Page 134, *Article* 148, *ligne* 25.

CEtte seconde maniere de trouver PK ne me paroît mener à rien ; parceque le triangle différentiel Ppo ayant les côtés infiniment petits, il ne peut donner que $PK = \frac{ydy}{dx}$, ce qu'on avoit déja : à moins que ce ne fût pour la trouver primitivement.

Page 135, *sur la Proposition III.*

ON peut encore trouver d'une autre maniere le point C de la courbe AC, en ajoutant E à la Fig. 124*. Car $Aq\ (y) . Ap\ (x) :: Qq\ (dy) . QE = \frac{xdy}{y}$. & $PQ = \sqrt{xx+yy}$. De plus les triangles semblables PCp, QCE, donneront $Pp - QE\ (dx - \frac{xdy}{y} . Pp\ (dx) :: PQ\ (\sqrt{xx+yy}) . PC = \frac{ydx\sqrt{xx+yy}}{ydx-xdy}$. Ainsi $PC\ (\frac{ydx\sqrt{xx+yy}}{ydx-xdy})$. $PQ\ (\sqrt{xa+yy}) :: PK\ (v+x) . AP\ (x)$. Donc $vydx - vxdy + xydx - xxdy = xydx$, ou $vydx - vxdy = xxdy$; ce qui donne $v\ (AK) = \frac{xxdy}{ydx-xdy}$.

* Des Infin. Petits.

REMARQUE.

COmme $\sqrt{xa+yy}$ s'évanouit ici, on peut en sa place appeller PQ, r ; & r s'évanouira de même ; & alors le calcul en sera plus facile & plus simple.

AUTREMENT.

ON trouve $Aq\ (y) . Ap\ (x) :: Qq\ (dy) . QE = \frac{xdy}{y}$. Et de plus $Pp\ (dx) . QE\ (\frac{xdy}{y}) :: PC . CQ :: PK\ (v+x) . AK\ (v)$. Donc $vydx = xxdy + vxdy$, ou $vydx - vxdy = xxdy$; ce qui donne $v\ (AK) = \frac{xxdy}{ydx-xdy}$.

Cela donne aussi $vy . xx + vx :: dy . dx :: y . AP$ (t). Donc $vt = xx + vx$, ou $vt - vx = xx$; & par conséquent $t - x (AT) . x (AP) :: x (AP) . v (AK)$.

PLUS GENERALEMENT.

Fig. 32. SOit encore une courbe quelconque AQS dont les abscisses $AB = s$, & le reste comme ci-dessus, excepté que EQ est prolongée jusqu'à la rencontre de bq en R.

L'on aura $bq (y) . bp (x + s) :: Rq (dy) . RE = \frac{xdy + sdy}{y}$. Donc $QE = \frac{xdy + sdy - yds}{y}$. Or $Pp (dx) . QE$ $(\frac{xdy + sdy - yds}{y}) :: PC . CQ :: PK (x + v) . BK (v - s)$. Donc $vydx - sydx = xxdy + vxdy + sxdy + svdy - xyds - vyds$, ou $vydx - vxdy - vsdy + vyds = xxdy + sxdy - xyds + sydx$. Ce qui donne $v (AK) = \frac{xxdy + sxdy - xyds + sydx}{ydx + xdy - sdy + yds}$.

1°. Si la courbe AQS est concave du côté de AM, alors AB devenant négatif, tous les termes où s & ds seront en dimension impaire, doivent changer de signes; ce qui réduit cette formule à $v (AK) = \frac{xxdy - sxdy + xyds - sydx}{ydx - xdy + sdy - yds}$.

2°. Si AQS est une ligne droite paralelle à PM; alors $BA (s)$ se trouvant $= o$, tous les termes où se trouvent s & ds seront aussi $= o$; ce qui réduit la formule précédente à $v (AK) = \frac{xxdy}{ydx - xdy}$. Ainsi qu'on l'a trouvé ci-dessus pour la Proposition 3, dont il s'agit ici.

3°. Si AM étoit une ligne droite perpendiculaire sur AP, l'on auroit $AP (x) = o$, & $dx = o$; ce qui réduiroit toute la formule précédente à zero, c'est-à-dire, qu'on auroit alors $AK (v) = o$.

Page 136, sur l'Exemple II. Art. 152.

ON peut encore trouver QC indépendemment du Problême précédent, en faisant l'arc qR du centre C. Car le triangle QAP ou qAp étant semblable aux triangles POp, QRq, l'on aura $PQ (a) . AQ (y) :: Pp (dx) . PO = \frac{ydx}{a}$. & $PQ (a) . AP (x) :: Qq (dy) . qR = \frac{xdy}{a}$. Et par conséquent $PO + qR$ ($\frac{ydx + xdy}{a}$). qR ($\frac{xdy}{a}$ :: Oq ou $PQ (a) . qC$ ou $QC = \frac{axdy}{ydx + xdy}$. Or, à cause de $a^2 = x^2 + y^2$, l'on aura $o = xdx - ydy$ ou $dy = \frac{xdx}{y}$. Donc $QC = \frac{ax^2dx}{y^2dx + x^2dx} = \frac{xx}{a}$. *Ce qu'il falloit trouver.*

AUTREMENT.

ON peut encore trouver QC d'une autre maniere. Soit $QC = r$, l'on aura $QP (a) . AP (x) :: QC (r) . AK (v)$, ou $rx = av$, dans laquelle égalité a & v sont constantes pendant que r & x varient en sens contraire. Donc $rdx - xdr = o$, ou $rdx = xdr$; ce qui donne $x . r :: dx (Pp) . dr$ (QR ou Op) $:: pq (a) . Ap (x)$. Et par conséquent r ou $QC = \frac{xx}{a}$. *Ce qu'il falloit trouver.*

Page 136, Art. 152, ligne 4.

AM ou AB) parceque $\overline{PQ}^2 = \overline{QM}^2 + \overline{PM}^2 = \overline{AP}^2 + \overline{PM}^2 = \overline{AB}^2$.

Page 137, ligne 3.

POur trouver le lieu A de la courbe BCD, il faut considerer que puisque * $QC = \frac{xx}{a}$, l'on aura $CP = a - \frac{xx}{a}$. Ainsi $QP (a) . QA (y) :: CP (a - \frac{xx}{a}) . CK (z)$. Et par *Fig. 125.* * *Art. 152. des Infin. Pet.*

conséquent $a^2 z = a^2 y - xxy$, ou $a^4 z^2 = a^4 y^2 - 2a^2 x^2 y^2 + x^4 y^2$. Or le cercle BMD donne $a^2 - x^2 = y^2$. Donc, en substituant cette valeur de y^2, l'on aura $a^4 z^2 = a^6 - 3a^4 x^2 + 3a^2 x^4 - x^6$, ou, en tirant la racine cubique de part & d'autre, $\sqrt[3]{a^4 z^2}$
* Des Infin. Petits. $= a^2 - x^2$. Or, à cause de (*Art.* 152 *) $v = \frac{x^3}{aa}$, l'on aura $x = \sqrt[3]{aav}$, & $xx = \sqrt[3]{a^4 v^2}$. Donc $\sqrt[3]{a^4 z^2} = a^2 - \sqrt[3]{a^4 v^2}$, ou $\sqrt[3]{az^2} = a - \sqrt[3]{av^2}$ sera le lieu de la courbe BCD.

Pour faire voir presentement que ce lieu est le même que le lieu A de la page 137 *; il faut enchasser les
* Des Infin. Petits.
signes radicaux. Pour cela je prend $p = \sqrt[3]{av^2}$, ou $p^3 = av^2$; ce qui me donne $\sqrt[3]{az^2} = a - p$. Je cube le tout, & il me vient $az^2 = a^3 - 3aap + 3app - p^3 =$ (à cause de $p^3 = av^2$) $= a^3 - 3aap + 3app - av^2$, ou $zz = aa - 3ap + 3pp - vv$, ou bien encore $z^2 + v^2 - a^2 = 3pp - 3ap$: de sorte qu'en prenant $m^2 = z^2 + v^2 - a^2$, l'on aura $m^2 = 3pp - 3ap$. Or on avoit aussi (*hyp.*) $p^3 = av^2$. Donc $m^2 p^3 = 3av^2 pp - 3a^2 v^2 p$, ou $m^2 p^2 = 3av^2 p - 3a^2 v^2$; ce qui donne $p = \frac{3a^2 v^2}{3av^2 - m^2 p}$, & $p^2 = \frac{3av^2 p - 3a^2 v^2}{m^2}$. Or la pénultiême égalité trouvée $m^2 = 3p^2 - 3ap$ donne aussi $p = \frac{m^2}{3p - 3a}$, & $p^2 = \frac{m^2 + 3ap}{3}$. Donc $\frac{3a^2 v^2}{3av^2 - m^2 p} = \frac{m^2}{3p - 3a}$, & $\frac{3av^2 p - 3a^2 v^2}{m^2} = \frac{m^2 + 3ap}{3}$. Et par conséquent en faisant évanouir ces fractions, l'on aura $9a^2 v^2 p - 9a^3 v^2 = 3av^2 m^2 - m^4 p$, & $9av^2 p - 6a^2 v^2 = m^4 + 3m^2 ap$; ce qui donne 1°. $p = \frac{3av^2 m^2 + 9a^3 v^2}{9a^2 v^2 + m^4}$, & 2°. $p = \frac{9a^2 v^2 + m^4}{9av^2 - 3am^2}$.

Ces deux valeurs de p donneront donc $\frac{3av^2 m^2 + 9a^3 v^2}{9a^2 v^2 + m^4} = \frac{9a^2 v^2 + m^4}{9av^2 - 3am^2}$; & par conséquent $81a^4 v^4 + 18a^2 v^2 m^4$

$+ m^8 = 27a^2v^4m^2 - 9a^2v^2m^4 + 81a^4v^4 - 27a^4v^2m^2$, ou (en réduisant le tout à zero, & le divisant ensuite par m^2) $m^6 + 27a^2v^2m^2 - 27a^2v^4 + 27a^4v^2 = o$. Donc en restituant au lieu de m^2 la valeur (*hyp.*) $z^2 + v^2 - a^2$, & le cube de cette valeur au lieu de m^6, on aura $z^6 + 3z^4v^2 + 3z^2v^4 + v^6 - 3a^2z^4 - 6a^2v^2z^2 + 3a^4z^2 - 3a^2v^4 + 3a^4v^2 - a^6 + 27a^2v^2z^2 + 27a^2v^4 - 27a^4v^2 - 27a^2v^4 + 27a^4v^2 = o$. Donc, en mettant cette égalité en en ordre, l'on aura

$$\begin{array}{l} v^6 - 3a^2v^4 + 3a^4v^2 - a^6 = o. \\ \quad + 3z^2 + 21a^2z^2 + 3a^4z^2 \\ \qquad + 3z^4 - 3a^2z^4 \\ \qquad\qquad + z^6 \end{array}$$

Pour l'expression rationelle du lieu précédent $\sqrt[3]{az^2} = a - \sqrt[3]{av^2}$, c'est-à dire pour le lieu rationnel, ou à la maniere de Descartes, de la courbe *BCD*. *Ce qu'il falloit trouver.*

Page 137, Article 153, ligne 4.

La raison pour laquelle on fait ici $cp - CP = Op - Cc$, c'est que $cp - CP = cp - CO = cO + Op - cO - Cc = Op - Cc$.

Page 137, Corollaire Article 153, ligne 8.

ON peut encore trouver autrement la longueur de la courbe *BCD* ou de ses parties. Car *AP* (x). *PQ* (a) :: dv. Cc. Donc $Cc = \frac{adv}{x}$. mais parceque (*Article* 152*.) $v = \frac{x^3}{aa}$, l'on aura $dv = \frac{3xxdx}{aa}$. Donc $Cc = \frac{3xdx}{a}$ & $BC = \frac{3xx}{2a}$. Ainsi $BCD = \frac{3a}{2}$, & $CD = \frac{3a}{2} - \frac{3xx}{2a} = \frac{3aa - 3xx}{2a} = \frac{3yy}{2a}$. Donc puisque (*Art.* 152*.) $QC =$

* *Des Infin. Petits.*

Ibid.

$\frac{xx}{a}$, $PQ = a$, & $CP = a - \frac{xx}{a} = \frac{aa - xx}{a} = \frac{yy}{a}$, l'on aura 1°. $BC \,.\, QC :: \frac{3xx}{2a} \,.\, \frac{xx}{a} :: 3 \,.\, 2$. 2°. $BCD \,.\, PQ :: \frac{3a}{2} \,.\, a :: 3 \,.\, 2$. 3°. $CD \,.\, CP :: \frac{3aa - 3xx}{2a} \left(\frac{3yy}{2a}\right) \,.\, \frac{aa - xx}{a} \left(\frac{yy}{a}\right) :: 3 \,.\, 2$.

Page 143, ligne 1.

PROPOSITION.

Fig. 33.

Soit une Section conique quelconque PMQN *avec une droite* EL *sur le même plan; & que de tous les points* E, L, *&c. de cette ligne droite qu'on voudra, on mene deux tangentes (pour chacun)* EP *&* EQ, LM *&* LN, *&c. de cette Section; les droites* PQ, MN, *&c. qui joindront les points d'atouchement correspondant au même point de la droite* EL, *se couperont toutes dans un même point* C *qui sert sur celui des diametres* BA *dont les ordonnées sont paralelles à la droite* EL.

DÉMONSTRATION.

Nota. Il n'y a que cela dans l'Original. M. Varignon n'a pas fait la démonstration.

Page 144, ligne 4.

Pour voir pourquoi DM paralelle à LN, doit être $= \frac{b^3gh}{accf - ccfh}$, il faut considerer que $m\,(EF) \,.\, n\,(EG) :: bbgh \,.\, accf - ccfh$. c'est-à-dire que les sinus des angles ELF, ELG, doivent être en cette raison. Or à cause de DM (*hyp.*) paralelle à LN, l'angle MDL est $=$ ang. ELG. Donc les sinus des angles ELF ou DLM & MDL doivent être en cette raison: sçavoir $DM \,.\, ML\,(b) :: bbgh \,.\, accf - ccfh$. Donc $DM = \frac{b^3gh}{accf - ccfh}$.

Page 145.

Page 145, Article 163.

IL eſt indiférent dans la Fig. 130.* que *db* ſe trouve devant ou après *DB*, pourvu qu'il en ſoit toujours infiniment proche, n'y ayant autre différence ſinon que lorſque *b* eſt entre *B* & *A*, les particules *bf*, *bg*, ſont toutes deux poſitives ; & qu'elles ſont toutes deux négatives lorſque *b* eſt au-delà de *B*, ce qui fait que la fraction qui en réſulte n'en eſt pas moins poſitive : ſçavoir $\frac{-bf}{-bg} = \frac{bf}{bg} = \frac{+bf}{+bg}$.

*Des Infin. Pet.

Page 145, ſur l'Article 163.

Voyez les Notes *tumult.* de Mr Bernoulli ſur la Geométrie de M. Deſcartes, page 459. & ſeq.

Page 146, ſur l'Article 166.

Voyez Newton *Philoſ. nat. princ. Math. Sect. 11. Prop. 58. pag. 163.*

Voyez auſſi les Actes de Leipſix du mois d'Août de 1695. pag. 374. &c.

Page 146, à la fin de l'Article 163.

IL eſt à remarquer que ſi après avoir différencié ſuivant la maniere de l'art. 163, la fraction dont le haut & le bas deviennent zero dans une certaine ſuppoſition comme ici la valeur de $y = \frac{\sqrt{2a^3x - x^4} - a\sqrt[3]{aax}}{a - \sqrt[4]{ax^3}}$ en faiſant $x = a$, cette même ſuppoſition de $x = a$, rendît encore zero le haut & le bas de la fraction réſultante ; alors il faudroit encore la différencier ſuivant la maniere de l'art. 163 ; mais en ce cas il ſuffit de différencier les x, & non les dx que la premiere différenciation y auroit donnée; parceque les ddx qui en résulteroient se trouvent alors multipliés par la même grandeur que l'étoient auparavant les dx, & cette grandeur devenant (*hyp.*) zero dans la supposition de $x = a$, cette même supposition la rendroit encore zero; ce qui feroit évanouir les ddx; & par ainsi il seroit inutile de les introduire en différenciant dx. On verra de même qu'il seroit inutile de différencier telle autre différentielle qui y pouroit être.

Page 146, 147, 148, sur le Lemme I.

COROLLAIRE III.

PUisque, suivant la démonstration de ce Lemme, l'on a par tout DF ou $DK . Ff :: MN$ ou $AE . Mm + Nn$. ou $Ff . Mm \pm Nn :: DK . AE$. C'est-à-dire en raison constante, il suit indéfiniment que $KF . DM \pm HN :: DK . AE$. sçavoir + lorsque les courbes DM, HN tournent leur concavités en sens contraires, & — lorsqu'elles les tournent en même sens. Et par conséquent $DM + HN = \frac{AE \times KF}{DK}$ ou $HN = \frac{AE \times KF}{DK} - DM$ dans le premier cas, & $DM - HN = \frac{AE \times KF}{DK}$ ou $HN = DM - \frac{AE \times KF}{DK}$ dans le second. L'on aura de même $HNE = \frac{AE \times KFL}{DK} - DMA$ dans le premier cas, & $HNE = DMA - \frac{AE \times KFL}{DK}$ dans le second.

Si au lieu de prendre les origines en K, D, H, comme l'on vient de faire, on les eût prises en L, A, E, la derniere Analogie précédente auroit donné de même $EN = \frac{AE \times LF}{DK} - AM$ dans le premier cas

& $EN = AM - \frac{AE \times LF}{DK}$ dans le second.

PROBLÊME.

La longueur d'une Courbe quelconque étant donnée entiere & par parties, trouver les longueurs entiere & par parties de toutes celles que sa dévelopée peut former en se dévelopant comme l'on voudra. Fig. 32.

SOLUTION.

SOit une courbe quelconque *ACH* dont le dévelopement commence en quel point & en quel sens l'on voudra : par exemple en *A* jusqu'en *H* ; en *H* jusqu'en *A* ; en *C* jusqu'en *A* & ensuite jusqu'en *H*. Je dis qu'une des courbes *AMD*, *HNE*, *PCQ*, décrites par ces dévelopemens, étant donnée entiere & par parties, les autres le seront aussi, chacune en particulier, dépendemment de la quadrature du cercle.

I. Car si la courbe *AMD* est donnée, l'on a vu (*Art.* 77. *&c.* *) que sa dévelopée *ACH* le sera aussi entiere & par parties. Ainsi les droites *DH*, *AE*, *MCN*, qui ne sont (*hyp.*) que cette même courbe redressée, seront aussi connues chacune en particulier. On connoîtra de même les parties *MC*, *CN*, de la droite *MCN*, puisque (*hyp.*) elles ne sont aussi que les arcs *AC*, *CH*, redressés. *Des Infin. Pet.

Présentement pour connoître les arcs *HN*, *NE*, *CQ*, *CP*, soit du centre *D*, & d'un rayon quelconque *DK*, l'arc circulaire *KFL* rencontré en *F* & en *L* par les rayons *DF*, *DL*, paralelles à *MN*, *AE*. Cela posé, l'on aura (*Cor.* 3. *hujus.*) 1°. $HN = \frac{AE \times KF}{DK} - DM$, $EN = \frac{AE \times LF}{DK} - AM$, $HNE = \frac{AE \times KFL}{DK}$

$- AMD$. 2°. $CQ = DM - \frac{DQ \times KF}{DK}$. 3°. $PC = EN - \frac{PE \times LF}{DK} = \frac{AE - PE \times LF}{DK} - AM = \frac{AP \times LF}{DK} - AM$. Ce qui donnera la rebrouſſée entiere $PCQ = DM - AM + \frac{AP \times LF - DQ \times KF}{DK}$ (à cauſe de $AP = DQ$) $= DM - AM + \frac{PQ \times \overline{LF - KF}}{DK}$. Et dans toutes ces valeurs il n'entre d'inconnu que les arcs circulaires, puiſque (*hyp.*) tout le reſte eſt donné, c'eſt-à-dire ſur les portions de la courbe *AMD* auſſi bien (*Art.* 77. &c *) que de ſa dévelopée *ACH*.

* Des Inſin. Pet.

II. Il eſt viſible que ſi au lieu de *AMD*, l'on eût donné *HNE* entiere & par parties, l'on auroit trouvé de même (*Art.* 77. &c.) ſa dévelopée *ACH* & enſuite (*Cor.* 3. *hujus.*) 1°. $DM = \frac{AE \times KF}{DK} - HN$, $AM = \frac{AE \times LF}{DK} - EN$, $AMD = \frac{AE \times KFL}{DK} - HEN$. 2°. $CQ = DM - \frac{DQ \times KF}{DK} = \frac{\overline{AE - DQ} \times KF}{DK} - HN = \frac{HQ \times KF}{DK} - HN$. 3°. $PC = EN - \frac{PE \times LF}{DK}$. Ce qui donne ſa rebrouſſée entiere $PCQ = EN - HN + \frac{HQ \times KF - PE \times LF}{DK} = EN - HN + \frac{PE \times \overline{KF - LF}}{DK}$. Il n'entre encore dans ces valeurs que des arcs de cercle, outre ceux de la courbe donnée *HNE*, & de ſa developée *ACH* (*Art.* 77. &c.) ſemblablement connue.

III. De même encore, ſi au lieu d'une des courbes *AMD* ou *HNE*, l'on eût donné la rebrouſſée *PCH* entiere & par parties, l'on auroit auſſi trouvé (*Art.* 77. &c.) ſa dévelopée *ACH* : ſçavoir *AC* par le moyen de l'arc *PC* dont il eſt la dévelopée, & *CH* par le moyen de l'arc CQ dont il eſt auſſi la dévelopée. Cette dévelopée ACH ainſi trouvée, l'on auroit (*Cor.* 3.) comme cy-deſſus, 1°. $DM = CQ + \frac{DQ \times KF}{DK}$, 2°. $EN = PC + \frac{PE \times LF}{DK}$. Enſuite ſe ſervant comme cy-deſſus, des arcs DM, EN, qu'on vient de trouver; c'eſt-à-dire, en trouvant (I.) $HN = \frac{AE \times KF}{DK} - DM$, & (II.) $AM = \frac{AE \times LF}{DK} - EN$; & y ſubſtituant enſuite les valeurs trouvées de DM, EN, l'on aura 3°. $HN = \frac{\overline{AE - DQ} \times KF}{DK} - CQ = \frac{PE \times KF}{DK} - CQ$, & 4°. $AM = \frac{\overline{AE - PE} \times LF}{DK} - PC = \frac{AP \times LF}{DK} - PC$. Outre les arcs de la courbe donnée PCQ, & de ſa dévelopée ACH (*Art.* 77. *&c.*) ſemblablement connue, on voit encore qu'il n'entre dans ces valeurs que des arcs de cercle & des lignes droites; & par conſéquent qu'elles ne dépendent encore que de la quadrature du cercle.

Quant aux arcs partiaux de la rebrouſſée PCQ, il eſt viſible qu'en regardant ſes parties PC, CQ, comme deux courbes diſtinctes, l'on en aura telles parties qu'on voudra par le moyen de leurs paralelles HNE, AMD, comme dans le Corol. 3. de ce Lemme ci (*art.* 166. *) dépendemment ſeulement de la quadrature du cercle en connoiſſant ces arcs paralelles entiers & par parties. Par exemple, en connoiſſant AMD entier & par parties, l'on aura ſuivant ce Corol. 3. les arcs CQ & HNE entiers & par parties; enſuite HNE donnera encore de même (*Corol.* 3.) l'arc PC entier & par parties. Si les concavités des arcs CQ, CP, étoient tournées du même côté, comme dans

* *Des Infin. Petits.*

* Des Infin. Petits. les rebroussées que l'Auteur appelle (*art. 109.**) *de la seconde sorte*, il est visible (*Cor. 3.*) qu'une des courbes *AMD*, *HNE*, suffiroit pour les connoître immédiatement (c'est-à dire sans passer par l'autre) entiers & par parties, & dépendemment de la seule quadrature du cercle,

Donc suivant cette méthode, la longueur d'une courbe quelconque étant donnée entiere & par parties, on pourra toujours trouver les longueurs entieres & par parties de toutes celles que la dévelopée peut former en se dévelopant comme l'on voudra. *Ce qu'il falloit trouver.*

* Des Infin. Petits. Tel est l'usage qu'on peut faire du Lemme de la page 146, (*Art. 166.**) pour la rectification des courbes engendrées par quelque dévelopement que ce soit: En voici encore un semblable & de pareille étendue par la quadrature des espaces que ces courbes renferment.

LEMME.

Fig. 31. Des Infin. Pet. *Toutes choses demeurant les mêmes que dans la Fig.* 131, *ajoutez-y seulement* m q *paralelle à* MN. *Je dis que* $AE \times MD - \frac{\overline{AE}^2 \times KDF}{\overline{DK}^2} = MCGD - NCGH = MpD - NpH.$

DEMONSTRATION.

PUisque (*hyp.*) les triangles *FDf*, *nmq* sont semblables, l'on aura $\overline{DF}^2 . \overline{mn}^2$ ou $\overline{MN}^2 :: FDf . nmq = \frac{\overline{MN}^2 \times FDf}{\overline{DF}^2} = \frac{\overline{AE}^2 \times FDf}{\overline{DK}^2}$. De plus *MN* étant (*hyp.*) perpendiculaire sur *Mm*, & paralelle à *mq*, l'on aura aussi $MNqm = MN \times Mm = AE \times Mm$. Donc

$AE \times Mm - \frac{\overline{AE}^2 \times FDf}{\overline{DK}^2} = MNqm - nmq = MCm - NCn$; & par tout de même. Donc en intégrant, $AE \times MD - \frac{\overline{AE}^2 \times KDF}{\overline{DK}^2} = MCGD - NCGH = MpD - NpH$. *Ce qu'il falloit démontrer.*

Page 147, *Article* 167.

CorOL. I.) L'on aura de même $AE \times AM - \frac{\overline{AE}^2 \times LDF}{\overline{DK}^2} = MCBA - NCBE = MrA - NrE$, & $AE \times AD - \frac{\overline{AE}^2 \times LDK}{\overline{DK}^2} = ABCGD - EBCGH = AOD - HOE$.

Page 155, *ligne* 8.

Devenant négative,) parcequ'alors G se trouve entre M & I.

Page 155, *Art.* 180, *ligne* 9.

Parcequ'alors $n = \frac{2am + 2bm}{b}$; & par conséquent $n - m = \frac{2am + 2bm}{b} - m = \frac{2am + bm}{b}$; ce qui donne $mn - mm = \frac{2amm + bmm}{b}$.

Page 156, *sur le Lemme III. Art.* 181.

PROPOSITION.

Les Secteurs BAE, DCF, *sont en raison composée des quarrés de leurs côtés* AB, CD, *& des angles* A, C; *c'est-à-dire*, ABE. CDF :: $A \times \overline{AB}^2 . C \times \overline{CD}^2$. Fig. 336.

DEMONSTRATION.

Fig. 34. SOit $AH = CD$, & du centre A l'arc HK. Soient $AB = a$, AH ou $CD = b$, $BE = e$, $HK = f$, $DF = g$. L'on aura $BE\,(e) \,.\, HK\,(f) :: AB\,(a) \,.\, AH$ ou $DC\,(b)$. Et $HK\,(f) \,.\, DF\,(g) :: HK\,(f) \,.\, DF\,(g)$. Donc en multipliant par ordre ces deux rangées de proportionnelles, l'on aura $e \,.\, g :: af \,.\, bg$. Et par conséquent $aaf \,.\, bbg :: ae \,.\, bg :: \frac{ae}{2} \,.\, \frac{bg}{2}$. ou $aaf\,(A \times \overline{AB}^2) \,.\, bbg\,(C \times \overline{CD}^2) :: \frac{ae}{2}\,(\frac{AB \times BE}{2}) \,.\, \frac{bg}{2}\,(\frac{CD \times DF}{2})$ :: fect ABE . fect. — CDE. *Ce qu'il falloit démontrer.*

COROLLAIRE.

AInsi deux secteurs circulaires quelconques sont entr'eux comme les produits de leurs angles par les quarrés de leurs côtés ou de leurs rayons.

Page 160, ligne 12.

POur voir que $PQ - 2APE = AK \times PE \pm KP \times AE$. Soit $AK = a$, $PK = z$, $EP = y$, AE ou $EH = x$. L'on aura $PQ - 2APE = \overline{a + z} \times \overline{y + x} - ax - zy = ay + ax + zy + zx - ax - zy = ay + zx$ ou (à cause que lorsque P est au-dessus de K, $KP\,(z)$ est négatif) $= ay \pm zx = AK \times EP \pm AE \times PK$.

Page 160, sur le Corollaire II. Art. 185.

AU-dessus du centre K l'on aura $\frac{aa+ab}{bc} \times - KP \times AE$, & $- KP = v - c$; ce qui fera $\frac{aa+ab}{bc} \times - KP \times AE = \frac{\overline{aa+ab} \times \overline{c-v}}{bc} \times AE = \frac{aac+abc-aav-abv}{bc} \times AE$. Donc, ajoutant

ajoutant le secteur AKE ($\frac{1}{2}c \times AE$), le tout sera $= \frac{aac + abc - aav - abv}{bc} + \frac{1}{2}c \times AE = \frac{bcc + 2aac + 2abc - 2aav - 2abv}{2bc} \times AE$.

Page 161, art. 186, ligne 5.

LA courbe exprimée par l'équation $z = \frac{xx - aa}{\sqrt{2xx - aa}}$ a quatre branches ND avec deux asymptotes BE, telles qu'on les voit ici : ces quatre branches ne different que de position de celle qui se voit dans la Fig. 41. de cet article *, laquelle suffisoit pour ce dont il s'y agissoit, qui étoit de faire remarquer qu'il y a des courbes qui paroissent avoir des points d'inflexion ou de rebroussement, lesquelles cependant n'en ont point. Fig. 35. * Des Infin. Petits.

Il est à remarquer dans cette Figure-ci, l'équation $z = \frac{xx - aa}{\sqrt{2xx - aa}}$ donne $AD = a$, & $AB = a\sqrt{\frac{1}{2}}$.

Quant aux touchantes en D, cette équation $z = \frac{xx - aa}{\sqrt{2xx - aa}}$ délivrée de signes radicaux, devenant $x^4 - 2aaxx + a^4 = 2zzxx \; aazz$, l'on aura $4x^3dx - 4aaxdx = 4zzxdx + 4xxzdz - 2aazdz$, ou $4x^3dx - 4aaxdx - 4zzxdx = 4xxzdz - 2aazdz$; d'où l'on tire $\frac{dz}{dx} = \frac{4x^3 - 4aax - 4zzx}{4xxz - 2aaz} = \frac{2x^3 - 2aax - 2zzx}{2xxz - aaz}$. Mais la supposition de $x = a$, & de $z = o$, telles que sont x & z en D, rendant l'un & l'autre terme de cette fraction $= o$, il faut les differencier séparément suivant la Sect. 9. art. 163.* Et l'on aura $\frac{dz}{dx} = \frac{12xxdx - 4aadx - 4zzdx - 8xzdz}{8zxdx + 4xxdz - 2aadz}$; * Des Infin. Petits. & en substituant les valeurs de x & de z en D, c'est-à-dire, $x = a$, & $z = o$, il vient $\frac{dz}{dx} = \frac{8aadx}{2aadz} = \frac{4dx}{dz}$; ce qui donne $\frac{dz^2}{dx^2} = 4$, & $\frac{dz}{dx} = \pm 2$; & enfin $\frac{xdz}{dx} + 2a = AT$.

M

Il eſt à remarquer qu'on a tout d'un coup $\frac{xdz}{dx} = 2a$, en différenciant l'égalité $z = \frac{xx - aa}{\sqrt{2xx - aa}}$; parcequ'alors elle n'exprime que les branches qui ont z poſitive.

Il eſt encore à remarquer qu'en faiſant $x = a + dx$, & $z = dz$ dans $\frac{dz}{dx} = \frac{2x^3 - 2aax + 2xzz}{2xxz - aaz}$, il vient encore $\frac{dz}{dx} = \frac{4dx}{dz}$, &c.

Page 161, Article 186, ligne 6.

DIFFICULTÉ.

LE lieu étant $z = \frac{xx - aa}{\sqrt{2xx - aa}}$, l'Auteur dit que lorſque $x < a$, la valeur de z eſt négative, cela eſt viſible tant que $2xx$ n'eſt pas $< aa$; mais lorſque $2xx < aa$, alors $2xx - aa$ étant négatif auſſi bien $xx - aa$, il ſemble d'abord que $\frac{xx - aa}{\sqrt{2xx - aa}}$ (z) doive être poſitive, comme faite d'un négatif diviſé par un autre négatif.

RÉPONSE.

LA réponſe en eſt facile : c'eſt que quoique $2xx - aa$ fût négatif, $\sqrt{2xx - aa}$ ſeroit poſitif, mais alors racine imaginaire ; & comme il y en a de poſitives & de négatives, il faudroit $-\sqrt{2xx - aa}$ pour que celle ci fût négative. De même $\sqrt{-aa}$ eſt une racine pſiotive, quoique $-aa$ ſoit négatif, & $-\sqrt{-aa}$ eſt négative ; l'une & l'autre étant imaginaire.

Page 161, Article 186, ligne 11.

Fig. 36. POur décrire la courbe NDN, ſoit l'hyperbole équilatere DQ dont A ſoit le centre, AD le demi-axe transversal, l'ordonnée PQ. Joignez AQ sur laquelle soit la perpendiculaire PR; prolongez QP, & faites $NP = QR$. Je dis que N est un des points de la courbe cherchée NDN.

Car en posant $AD = a$, $AF = x$, $NP = z$; l'on aura $PQ = \sqrt{xx - aa}$, $AQ = \sqrt{2xx - aa}$; & par conséquent $\frac{\overline{PQ}^2}{AQ}$ $\left(\frac{xx - aa}{\sqrt{2xx - aa}}\right)$ $RQ = NP$ (z) donc $z = \frac{xx - aa}{\sqrt{2xx - aa}}$.

Page 162, ligne 4.

De ce que Rm (dy). Pp ou RM (dx) :: PN. AD. On conclud ici que la courbe EDF touche l'asymptote BG en E; parceque P se trouvant alors en B, PN devient cette asymptote elle-même, c'est-à-dire, infinie; & par conséquent AD zero par raport à elles. dx (BF) sera aussi pour lors zero par raport à dy; & par conséquent la courbe FDE doit toucher en E l'asymptote BG; en F, parcequ'il s'agit de la courbe EDF.

On conclud aussi que cette même courbe doit toucher AD au point D; à cause qu'en ce point PN devenant infiniment petite par raport à AD, dy devient aussi nulle par raport à dx; & par conséquent cette courbe doit encore toucher AD en D.

Page 162, ligne 8.

Pour trouver que le rayon de la dévelopée de la courbe EDF est $= -\frac{x^3}{2aa}$, il faut considerer que la supposition donne $ady = \frac{xxdx - aadx}{\sqrt{2xx - aa}}$, & de là 1°. $dy^2 = \frac{\overline{xx - aa}^2 \times dx^2}{2aaxx - a^4}$; & 2°. (en prenant dx constante) $ddy =$

$$\frac{2xdx^2 \times \sqrt{2xx-aa} - \frac{\overline{xx-aa} \times dx^2}{\sqrt{2xx-aa}}}{\overline{2axx-a^3}} = \frac{\overline{4x^3-2aax-2x^3+2aax} \times dx^2}{\overline{2axx-a^3} \times \sqrt{2xx-aa}} =$$

$\frac{2x^3 dx^2}{\overline{2axx-a^3} \times \sqrt{2xx-aa}}$. Ce qui donne $dx^2 + dy^2 = dx^2 +$ $\frac{\overline{xx-aa}^2 \times dx^2}{2aaxx-a^4} = \frac{x^4 dx^2}{2aaxx-a^4}$; & par conséquent $\overline{dx^2+dy^2} \times$ $\sqrt{dx^2+dy^2} = \frac{x^6 dx^3}{\overline{2aaxx-a^4} \times a\sqrt{2x^2-a^2}}$. Donc (*Art.* 78.)

$$\frac{\overline{dx^2+dy^2} \times \sqrt{dx^2+dy^2}}{-dx\,ddy} = \frac{x^6 dx^3 \times \overline{2axx-a^3} \times \sqrt{2xx-aa}}{\overline{2aaxx-a^4} \times a\sqrt{2xx-aa} \times -2x^3 dx^3} =$$

$-\frac{x^6}{2aax^3} = -\frac{x^3}{2aa}$ sera le rayon cherché de la dévelopée.

Page 162, ligne 25.

IL est visible que le lieu $y^4 = x^4 + aaxx - b^4$ donne deux courbes opposées comme dans la Fig. 141.* puisque soit qu'on prenne x ou y positif ou négatif, ce même lieu reviendra toujours. La regle consiste en ce que lorsque les dimensions de x & de y sont toutes paires, qu'elles quelles soient d'ailleurs, il y aura toujours deux courbes opposées.

* Des Infin. Petits.

Pour avoir la valeur de DD, il n'y a qu'à faire $y = o$; & l'on aura $x^4 + aaxx = b^4$ ou $x^4 + aaxx + \frac{1}{4}a^4 = b^4 + \frac{1}{4}a^4$, ou $xx + \frac{1}{2}aa = \sqrt{\frac{4b^4+a^4}{4}} = \frac{1}{2}\sqrt{4b^4+a^4}$, ou $x = \sqrt{-\frac{1}{2}aa + \frac{1}{2}\sqrt{4b^4+a^4}} = AD$; & parconséquent $2AD$ ou $DD = \sqrt{-2aa + 2\sqrt{a^4+4b}}$.

QUESTION *à examiner.*

Fig. 142. 143. des Infin. Pet.

Sçavoir si le lieu $y^4 = x^4 + aaxx - b^4$ *a le rayon de la dévelopée toujours positif, & si en* D *il est* $= \frac{a}{2}$.

SOLUTION.

1°. $dy = \frac{4x^3dx + 2aaxdx}{4y^3} = \frac{2x^3dx + aaxdx}{2y^3}$

2°. $dy^2 = \frac{\overline{2x^3 + aax}^2 \times dx^2}{4y^6}$

3°. $dx^2 + dy^2 = \frac{4y^6dx^2 + \overline{2x^3 + aax}^2 \times dx^2}{4y^6}$

4°. $\overline{dx^2 + dy^2} \times \sqrt{dx^2 + dy^2} = \frac{\overline{4y^6 + \overline{2x^3 + aax}^2} \times dx^3}{8y^9} \sqrt{4y^6 + \overline{2x^3 + aax}^2}$

5°. $ddy =$ (dx constante) $\frac{\overline{6x^2y^3 + a^2y^3} \times dx^2 - \overline{6x^3y^2 - 3aaxy}^2 \times dxdy}{2y^6}$

6°. $ddy =$ (en substituant la valeur de dy) $\frac{\overline{12x^2y^6 + 2a^2y^6 - 12x^6y^2 - 12a^2x^4y^2 + 3a^4x^2y^2} \times dx^2}{4y^9}$

7°. $-dxddy = \frac{\overline{-12x^2y^6 - 2a^2y^6 + 12x^6y^2 + 12a^2x^4y^2 + 3a^4x^2y^2} \times dx^3}{4y^9}$

8°. $\frac{\overline{dx^2 + dy^2} \times \sqrt{dx^2 + dy^2}}{-dxddy} = \frac{\overline{4y^6 + \overline{2x^3 + a^2x}^2} \times \sqrt{4y^6 + \overline{2x^3 + a^2x}^2}}{24x^6y^2 + 24a^2x^4y^2 + 6a^4x^2y^2 - 24x^2y^6 - 4a^2y^6}$

= au rayon de la dévelopée de la courbe dont le lieu est $y^4 = x^4 + aaxx - b^4$.

COROLLAIRE.

LEquel rayon devient. 1°. négatif lorsque $x > \sqrt{\frac{1}{2}aa + \frac{5b^4}{aa} + \sqrt{\frac{1}{16}a^4 + \frac{4}{2}b^4 + -\frac{2b^8}{a^4}}}$, ou bien lorsque $x > a\sqrt{\frac{1}{2}}$ si $b = o$; & 2°. infini lorsque $y = o$ c'est-à-dire en D.

Page 164, sur le Corollaire II. art. 188.

ENtre toutes les coupées KM, KN, tirées d'un même point K, & non tirées de points infiniment proches : dans le premier cas elles n'ont de differencielles qu'en *D* qu'elles deviennent égales ; & non en *A* où il n'y a plus qu'une coupée, l'autre étant devenue infiniment petite, & par conséquent nulle par raport à elle. Ci-après (*page 166**) on voit qu'il ne s'agit ici que d'appliquées qui partent d'un même point, & non de points infiniment proches.

* Des Infin. Petits.

Page 165, art. 190, ligne 12.

LA raison pour laquelle on n'en demeure pas à $y = \frac{3rx}{4}$, & qu'on reporte cette égalité dans $x^3 + y^3 = axy$, c'est qu'elle contient encore deux inconnues x & y, dont il en faut chasser une pour avoir l'autre ; & c'est ce qu'on fait par cette comparaison d'égalités.

Page 165, art. 190, ligne 19.

IL est à remarquer que les ordonnées perpendiculaires à l'axe des courbes rebroussantes, sont le plus souvent obliques à ces courbes au point de rebroussement ; & que dans les autres courbes elles leurs sont toujours perpendiculaires ou touchantes au point de retour.

Page 167, ligne 2.

IL est à remarquer que quoique la progression Arithmétique m, $m+1$, $m+2$, $m+3$, $m+4$, &c. semble ne convenir qu'à celles qui n'ont que l'unité pour différence, elle exprime cependant toutes les progressions Arithmétiques en général. Car en prenant l'indéterminée $m = \frac{n}{p}$ dont le haut & le bas sont aussi indéterminés, cette progression sera $\frac{n}{p}$, $\frac{n}{p}+1$, $\frac{n}{p}+2$, $\frac{n}{p}+3$, $\frac{n}{p}+4$, &c. Ainsi l'équation égalée à zero, étant multipliée par l'autre, le sera aussi par celle-ci ; & en la multipliant toute par p, elle le sera par cette autre

n, $n+p$, $n+2p$, $n+3p$, $n+4p$, &c. dont la différence (p) sera tout ce qu'on voudra, sans cesser d'être égale à zero, c'est-à-dire sans que cette égalité cesse d'être $= o$.

Au même endroit.

CEtte derniere progression se présente immédiatement encore par la même méthode de la page 167 * Car si au lieu de multiplier cette équation $x^3 * - ayx$
» $+ y^3 = o$ par x^m, on la multiplie par $px^{\frac{n}{p}}$, l'on au-
» ra (sans y changer un seul mot) $px^{\frac{n}{p}+3} *$, &c $=$
» o, dont les termes doivent être multipliés par ceux
» de la progression $\frac{n}{p}+3$, $\frac{n}{p}+2$, $\frac{n}{p}+1$, $\frac{n}{p}$, chacun par
» son correspondant pour en avoir la différence

$$px^{\frac{n}{p}+3} \quad * \quad - payx^{\frac{n}{p}+1} \quad + py^3x^{\frac{n}{p}} = o.$$
$$\frac{n}{p}+3, \quad \frac{n}{p}+2, \quad \frac{n}{p}+1, \quad \frac{n}{p}$$
$$\overline{n+3p}\times x^{\frac{n}{p}+3} \quad * \quad - \overline{n+p}\times ayx^{\frac{n}{p}+1} \quad + ny^3x^{\frac{n}{p}} = o.$$

» Ce qui donnera $\overline{n+3p}\times x^{\frac{n}{p}+3} - \overline{n+p}\times ayx^{\frac{n}{p}+1}$
» $+ ny^3x^{\frac{n}{p}} = o$, & en divisant par $x^{\frac{n}{p}}$, il viendra
» $\overline{n+3p}\times x^3 - \overline{n+p}\times ayx + ny^3 = o$, comme on
» l'auroit trouvée d'abord en multipliant l'égalité pro-
» posée, par la progression $n+3p$, $n+2p$, $n+p$, n.

Ce sont les propres termes de la méthode, page 167.* C'est aussi la même progression qu'on vient de déduire de $m+3$, $m+2$, $m+1$, m.

* Des Infin. Petits.

* Des Infin. Petits.

PROPOSITION.

SI $A \ldots x^3 * - ayx + y^3 = 0$, multiplié par 3, 2, 1, 0, donne $B \ldots 3x^3 * - ayx = 0$; je dis que l'on aura aussi $C \ldots \overline{n+3p} \times x^3 * - \overline{n+p} \times ayx + ny^3 = 0$.

DEMONSTRATION.

EN multipliant B par p, l'on aura
$D \ldots 3px^3 * - payx = 0$.
De même multipliant A par n, l'on aura aussi
$E \ldots nx^3 * - nayx + ny^3 = 0$.
Donc en ajoutant D & E ensemble, l'on aura
$F \ldots nx^3 + 3px^3 * - nayx - payx + ny^3 = 0$, ou
$G \ldots \overline{n+3p} \times x^3 * - \overline{n+p} \times ayx + ny^3 = 0$.
Ce qui est la même égalité que C, qu'il falloit démontrer.

Page 167, ligne 11.

AInsi l'égalité $\overline{m+3} \times x^3 - \overline{m+1} \times ayx + my^3 = 0$ (en faisant $m = \frac{n}{p}$) sera la même que $\overline{\frac{n}{p}+3} \times x^3 - \overline{\frac{n}{p}+1} \times ayx + \frac{n}{p}y^3 = 0$; & en multipliant le tout par p, l'on aura $\overline{n+3p} \times x^3 - \overline{n+p} \times ayx + ny^3 = 0$, qui est la même chose que $x^3 * - ayx + y^3 = 0$ multiplié par la progression universelle $n+3p$, $n+2p$, n. Dont les différences sont telles qu'on voudra.

Page 171, sur l'art. 198.

DIFFICULTE'.

EN prenant le point d'infléxion F pour la réunion des deux points touchans M & D, il semble que l'équation doive avoir quatre racines égales, chaque point d'atouchement (*art.* 193.*) en ayant deux.

* Des Infin. petits.

RE'PONSE.

RE'PONSE.

IL faut remarquer que l'équation réduite aux deux points touchans *M* & *D*, y est parvenue de même que s'il n'y en avoit qu'un, & qu'il ne s'y est point réuni deux racines égales d'une part pour l'un & deux pour l'autre; mais que de deux racines égales il s'en est évanoui une, ce qui a fait une équation d'atouchement pour tous les points où cette courbe peut être touchée d'un même point *T* ou *H* : de sorte que de quelque nombre de touchantes qu'elle soit capable d'un de ces points, il n'y a qu'une de ses racines égales à faire évanouir; & il en restera encore tout autant d'égales ou inégales qu'il y a de tels points d'atouchement. Donc ici, y en ayant deux dont les racines doivent devenir égales au point d'infléxion; ces deux avec celle qu'on a déja fait évanouir pour faire une équation à la touchante, en feront trois égales au point d'infléxion. De sorte qu'il en faut faire évanouir deux par le produit de deux progressions arithmétiques quelconques, pour réduire l'équation au point d'infléxion. Et si après cela il reste encore plusieurs racines, c'est une marque qu'il y aura plusieurs points d'infléxion.

Page 172. art. 199.

C'Est ici une équation aux tangentes *TM*, *TD* ou *HM*, *HD*, à la fois; & il n'y a encore qu'une des racines égales evanouies, & il n'y en a plus à faire évanouir pour la réunion de ces deux tangentes.

Page 174, art. 203, ligne 17.

P*Uisque l'on peut toujours trouver un cercle qui coupe*

une ligne courbe quelconque, autre qu'un cercle au moins en quatre points.) Voyez ci dessus l'éclaircissement donné sur la *page* 11, *& suiv. art.* 10. Voyez, dis-je, la regle pour la disposition des courbes & la remarque qui suit cette regle *pag.* 15 & 16. de ces Eclaircissemens, ou ce que M. le Marquis de l'Hôpital dit ici, est démontré.

Page 175, sur l'art. 204.

POur avoir la dévelopée, l'Auteur cherche une seconde égalité à la maniere de la premiere pour les comparer ensemble, afin de faire évanouir l'y, & pour en avoir une qui ne renferme d'indéterminées que les s & les t, qui sont les abscisses & les ordonnées de la courbe cherchée. La premiere lui donne $y = \sqrt[3]{\frac{1}{4}aat}$, & la seconde, $y = \frac{6aat}{8as - 4aa} = \frac{3at}{4 \cdot 3 - 2a}$ (en faisant $3 - \frac{1}{2}a = v$) $= \frac{3at}{4v}$. Donc $\sqrt[3]{\frac{1}{4}aat} = \frac{3at}{4v}$, & $\frac{aat}{4} = \frac{27a^3t^3}{64v^3}$ ou $16v^3 = 27att$.

Remarquez que cette méthode est facile pour avoir les lieux des dévelopées.

Page 178, ligne 3.

PRenez garde que l'on prend ici en general $\frac{xx+yy}{2y} = \frac{aa}{2y}$ ou $xx + yy = aa$, parcequ'on y suppose que AMB est un cercle dont C est le centre, & que par tout $CM = a$. Mais page 179*, on ne le suppose pas ainsi, parceque AMB est une autre courbe où les perpendiculaires CM ne sont pas partout égales.

* Des Infin. Petits.

Prenez garde encore qu'on fait ici les dx positifs, & les dy négatifs, & page 179, on fait les uns & les autres positifs.

Page 178, *ligne* 6.

SI l'on ne mettoit que $\frac{zx - vy}{x - v} = \frac{xx + yy}{2y}$, l'expression seroit générale ; mais dès qu'on substitue aa en la place de $xx + yy$, & qu'on fait $\frac{zx - vy}{x - v} = \frac{aa}{2y}$, on la rend particuliere au cercle.

Page 178, *ligne* 10.

C'est x qui est incommensurable.

Page 179, *ligne* 7.

Le dx étant pris ici positif, on y fait dy négatif.

Page 179, *ligne* 22.

COmme ces MC, mC, ne sçauroient être toutes perpendiculaires à la courbe AMB à moins que cette courbe ne soit un cercle ; il ne s'agit point ici de caustique, mais seulement d'une courbe APK formée par l'intersection F des MH, mh, en supposant que les triangles MHC, mHC, sont tout isoscelles.

Le dx & de dy sont pris ici tous deux positifs, quoique x & y n'y croissent qu'alternativement comme dans le cas précédent.

AVERTISSEMENT.

LA dissertation qui suit n'est point un éclaircissement sur aucun endroit du Livre de M. le Marquis de l'Hôpital, quoiqu'elle soit sur les mêmes matiéres. Elle s'est trouvée à la fin des Eclaircissemens de M. Varignon sur ce Livre, & toute de sa main comme les Eclaircissemens. Il paroît que de son Registre il l'avoit transportée là, & mise au net en l'état où elle est, afin de la faire imprimer avec ses Eclaircissemens. Ainsi c'est suivre ses intentions que de la donner ici au Public.

DE CALCULO EXPONENTIALI.

CALCULUS quantitatum ad potentias indeterminatas elevatarum, *exponentialis* idcirco dicitur. Hic autem ſtat quaſi medius inter Algebraïcum & tranſcendentem: accedit enim ad Algebraïcum, eo quod terminis finitis ut ut indeterminatis conſtet; ad tranſcendentem verò, quod nullâ conſtructione Algebraïcâ exhiberi poſſit. Hinc colligere eſt quàm ſuperfluus fuerit jocus Hugenii, curvas exponentiales appellando *hypertranſcendentes*, cùm ſeriò potiùs & congruè illas nominare potuiſſet *hypotranſcendentes*. Eſt enim & ipſa logarithmica (omnium profectò tranſcendentium ſimpliciſſima) ex hoc curvarum genere, omneſque aliæ exponentiales ope hujus conſtrui & earum tangentes determinari poſſunt, ut ex jam dicendis patebit.

Porrò tranſcendentem ſeu infinitè parvorum calculum huic adhiberi non poſſe in conſiderationibus primis aſſeruit D. Nievwentiit: reſpondit D. Leibnitius; ſecundas addidit conſiderationes D. Nievwentiit, in quarum ultimâ ſectione tria videntur quæ ſuſpenſum eum maximè tenent circa ea quæ de calculo exponentiali reſpondit ei Leibnitius. Quamobrem ſolvendi primùm illius ſcrupuli; dein exponendus eſt modus tractandi æquationes curvarum in quibus indeterminatæ exponentes ingreditur.

SOLUTIO DUBIORUM
D. Nievwentiit circa Calculum exponentialem.

TRia sunt, inquam, quæ hac in parte suspensum tenent D. Nievwentiit quominus ascensum tribuat. 1°. *Quomodo una eademque indeterminata possit esse in curvâ logarithmicâ de applicatarum genere, & simul abscissa alterius cujusdam curvæ* ... 2°. *Quomodo ex æquatione* $x^v = y$, *deducatur hæc æquatio* — $vlx = ly$ (per lx, ly, lz, &c. Intelligo logarithmos ipsarum x, y, z, &c.) ... 3°. *Quomodo* lx *possit esse* $= S\frac{dx}{x}$.

Fig. 38. Esto DE axis curvæ HGF, illique perpendicularis DC, axis logarithmicæ AB; producatur applicata FE, donec occurrat logarithmicæ AB in B, à quo demissa perpendicularis BC, æqualis erit abscissæ DE; est autem BC applicata logarithmicæ. Ergo patet quâ ratione abscissæ DE, cujuscumque curvæ HGF, possint esse de applicatarum genere, non solùm in logarithmicâ, sed in quavis etiam aliâ curvâ AB, & quidem ita ut salva maneat relatio inter DE & EF, quocumque etiam modo crescat DE, sive æqualiter sive inæqualiter; adeò ut sumptis ex. gr. differentiis axis logarithmicæ Cc æqualibus, nihilominus differentialis Fg ad differentialem Ee, seu ipsa FE ad subtangentem EL, suam generalem perpetuò servet rationem.

Ad demonstrandum secundum, quod sit $vlx = ly$, inspiciat, si placet, vulgares, quæ prostant, tabulas logarithmicas, quæ è vestigio ipsum docebunt, logarithmum numeri quadrati, cubi, biquadrati, &c. esse duplum, triplum, quadruplum, &c. logarithmi radicis. Unde generaliter logar. $x^v = vlx$; quid ergo si $x^v = y$, annon & eorum logarithmi sunt æquales, id est, $vlx = ly$?

Supereſt tertium, quod ita oſtendo. Si $AD = 1 =$ ſubtang. & $BC =$ numero; erit, ut conſtat, DC logarithmus ejuſdem. Eſt autem ex naturâ logarithmicæ ſubtang. in $Bn = BC \times Cc$; & per conſequens $\frac{Bn}{BC} = Cc$, propter ſubtang. $= 1$. Hinc ſi BC ſit x, y, z, &c. Et DC, lx, ly, lz, &c. erit $\frac{dx}{x}$, $\frac{dy}{y}$, $\frac{dz}{z}$, &c. $= dlx$, dly, dlz, &c. Ergo etiam ſummæ $S\frac{dx}{x}$, $S\frac{dy}{y}$, $S\frac{dz}{z}$, &c $= lx$, ly, lz, &c. Undè ſatis mirari nequeo, Doctiſſ. Nievwentiit, qui eamdem ferè demonſtrationem ſibi format, hic diſcrimen quærere in litteris, concedendo $S\frac{dy}{y} = ly$, ſed dubitando an etiam $S\frac{dx}{x} = lx$; quaſi arbitraria denominatio mutationem rei afferat.

Regeret quidem, id de omnibus indeterminatis valere ſi abſolutè conſiderentur; ſed hic x & y conſiderandas eſſe certo ad invicem reſpectu. Aſt quid tum? Demonſtratio generalis eſt & nullâ conditione, nullo reſpectu limitata. Demonſtratum enim eſt, quacumque ratione creſcant Dc, DE, ſeu bc, BC; quocumque demum appellentur nomine, ſive x, ſive y; ſive abſolutè, ſive reſpectivè conſiderentur, perpetuò earum logarithmos eſſe Dc, DC.

Quod autem aſſumatur $AD = 1 =$ ſubtang. id compendii gratiâ tantum fit: quamcumque enim quantitatem, quidni ergo & ſubtangentem, unitati ſubſtituere tutò licet, ſi modo ad aſſumptam cæteræ omnes referantur. Diſcuſſis jam, ut opinor, difficultatum nebulis, venio ad ipſam exponentialium tractationem.

DE IPSO CALCULO EXPONENTIALI.

QUantitates exponentiales ſunt diverſorum graduum, quorum infimus (qui hactenus tantùm fuerat conſideratus) eſt, quando exponens conſtat indeterminatis ordinariis, ut y^m, x^n, z^p; poſito m, n, p, eſſe quantitates ſimpliciter indeterminatas. Quantitas exponentialis ſecundi gradûs eſt, cùm exponens ipſe eſt quantitas exponentialis, ut y^{m^n}, z^{p^q}; & ſic in univerſum quantitas exponentialis cujuſcumque gradûs habet pro exponente quantitatem exponentialem gradûs proximè præcedentis. Idem etiam intellige de æquationibus & curvis exponentialibus; tunc æquatio & curva per illum deſignata ſortietur nomen à potiori. De quibus omnibus hæc habe :

Eſto logarithmica quævis *AB*, ſumptâque ſubtangente pro unitate, & ipſi æqualis prima applicata *AD*; ordinata *BC* quovis modo varians, ſive ſit de applicatarum ſive de abſciſſarum genere alterius cujuſcumque curvæ, ſi modo per minima creſcat, ſive æqualiter ſive inæqualiter, ſit $= x, y, z$, adeòque $DC = lx, ly, lz$; $Cc = dlx, dly, dlz$, &c. Unde fluit Regula generalis ſequens ;

REGULA GENERALIS.

Differentiale logarithmi utcunque compoſiti eſt æquale differentiali numeri diviſo per numerum, ut $dl\sqrt{xx+yy} = \frac{xdx+ydy}{xx+yy}$.

Ad differentiandum ergo quantitatem exponentialem primi gradûs m^n, fiat $m^n = t$. Ergo $nlm = lt$; & differentiando juxta calculum differentialem, $lmdn + ndlm = dlt$. At per Regulam generalem $dlm = \frac{dm}{m}$, & $dlt = \frac{dt}{t}$; ideòque $\frac{ndm}{m} + lmdn = \frac{dt}{t}$ (ob $m^n = t$) $= \frac{dt}{m^n}$. Undè dt ſeu $dm^n = nm^{n-1}dm + m^n lmdn$, id quod ſuggerit *Regulam primam ſpecialem* pro exponentialibus

tialibus primi gradûs; possunt enim pro m & n quantitates intelligi quomodocumque ex indeterminatis compositæ.

REGULA SPECIALIS I.

$$dm^n = nm^{n-1}\,dm + m^n\,lmdn.$$

ESto jam exponentialis secundi gradûs m^{n^p}, ponatur illa $= t$; adeòque $n^p lm = lt$; & sumptis utrobique differentialibus modo communi, $n^p dlm = dlt$. Quoniam autem per Regulam primam specialem $dn^p = pn^{p-1}\,dn + n^p\,lndp$; & per Regulam generalem $dlm = \frac{dm}{m}$, $dlt = \frac{dt}{t}$; habebitur *Regula secunda specialis* pro exponentialibus secundi gradûs, quæ hæc est.

REGULA SPECIALIS II.

$$dm^{n^p} = n^p m^{n^p-1}\,dm + pn^{p-1} m^{n^p} lmdn + n^p m^{n^p} lmlndp.$$

EOdem modo invenientur Regulæ sequentes pro altiorum graduum exponentialibus. Nec difficilius differentiantur quantitates quomodocumque ex illis compositæ, ut $dm^n p^q = p^q\,dm^n + m^n\,dp^q$, ubi si surrogetur valor ipsarum dp^q, dm^n, modò supra inventus, prodibit differentiale quæsitum.

Hactenus explicata sufficiunt pro generali exponentialium differentiandarum adumbratione. Videamus paucis applicationem in uno alterove exemplo.

I. Construenda est curva, cujus natura exprimitur per hanc æquationem exponentialem $x^x = y$; ejusque tangens determinanda.

Sumptis logarithmis, habetur $xlx = ly$. Facta itaque logarithmicâ AB, cujus subtangens sit $= 1 = AD$, sitque DE vel $BC = x$, erit $DC = lx$, & per Fig. 38.

(1) . (x) :: (lx).
consequens si fiat $AD . BC :: DC . DM$. Erit $DM = ly$, & $MN = y$, cui si æqualis applicetur EF ad abscissam DE, erit punctum F in curvâ optatâ HGF.

Tangens in F determinatur sic : Per Regulam primam specialem est $dy = x^x dx + x^x lx dx =$ (substituto y loco x^x) $= ydx + ylxdx$, id est, $y + ylx . 1 :: dy . dx :: y$. Subtang. $= \frac{1}{1+lx}$. Hinc sumptâ EL tertiâ proportionali ad $AD + DC$ & AD, erit FL tangens; quam proin in terminis ordinariis, id est, finitis expressimus.

Hujus autem curvæ notabiles quasdam proprietates recensuisse non abs re erit. Applicatæ AG, DH, subtangens puncti G, & AD, omnes inter se & subtangenti logarithmicæ sunt æquales. Item ductâ ex H applicatâ ad logarithmicam HP, & PR parallelâ ipsi HD secante curvam in O; erit OR omnium ordinatarum brevissima, id est, punctum O omnium curvæ punctorum minimè distat ab axe DE.

Habemus etiam generalem Methodum quadrandi hujusmodi Figuras, cui ipse Leibnitius, licet consimilem invenerit pro ingenii quo pollet acumine, haud tamen facilè obviam esse ultrò agnovit. Hanc interim animadverto quadraturam præ omnibus aliis memorabilem, quæ ob curiosam seriem, quâ exprimitur, mirificè placuit huic geometræ. Si enim AD vel DH vel AG vocetur 1, erit spatium $DAGOH =$ summæ seriei $1 - \frac{1}{2^2} + \frac{1}{3^3} - \frac{1}{4^4} + \frac{1}{5^5}$ &c.

II. Quod si proponatur curva, cujus æquatio $x^y = a$: habebitur ad logarithmos redacta $ylx = la$; undè, ut supra per logarithmicam factum est, elicitur curvæ constructio. Differentiando autem per Reg. 1. spec. erit $xlxdy = - aydx$, id quod subtangentem determinat.

III. Esto curvæ æquatio $x^x = a^y$, & proinde xlx

$= yla$, quod constructioni inservit : sumptis per Reg. 1. spec. differentialibus, obtinetur $dx + lxdx = lydy$, ex quo pariter subtangentis determinatio fluit. Observatu dignum hic venit, quod hujus figuræ quadratura citra seriem possit exhiberi ; est enim $lydx = \frac{2xxlx - xx}{la}$.

IV. Si proponeretur $a^x = y$; adeòque $xla = ly$: prodiret $yladx = dy$, id est, subtangens foret $= \frac{1}{la} =$ constanti. Unde concludendum æquationem propositam ipsi logarithmicæ competere.

V. Esto jam exponentialis plurium terminorum ex. gr. $x^x + x^a = x^y + y$. Sumptis separatim differentialibus cujuscunque termini per Reg. 1. spec. reperietur $dx^x = x^x dx + x^x lxdx$, $dx^a = ax^{a-1}dx$, $dx^y = yx^{y-1}dx + x^y lxdy$, quæ ritè disposita dabunt hanc æquationem $x^x dx + x^x lxdx + ax^{a-1}dx - yx^{y-1}dx = x^y lxdy + dy$. Facto itaque ut dy ad dx, id est, ut $x^x + x^x lx + ax^{a-1} - yx^{y-1}$ ad $x^y lx + 1$, ita y ad quartum ; erit hæc quarta subtangens quæsita curvæ propositæ.

Nota interim quod multitudo terminorum constructionem planè non impediat ; cùm enim mediante logarithmicâ singulis seorsim assignari possit quantitas æqualis, patet utique quantitates istas hoc modo assignatas & simul sumptas formare illam ipsam quæ quæritur.

Exempla hucusque allata abundè illustrabunt processum instituendum in aliis primi gradûs exponentialibus, exque illis haud difficulter perspicitur quomodo Methodus applicanda sit ad altiores gradus : in omnibus enim par operandi ratio observanda est.

AVERTISSEMENT.

Tout cela est de M. Bernoulli le jeune, Professeur à Groningue : il se trouve dans les Actes de Leipsik au mois de Mars de 1697, page 125, & seq. Je l'avois déja trouvé & écrit dans mon Registre dès 1695, à l'occasion de ce que M. Leibnitz venoit de répondre à M. Nievwentiit sur cette matiere dans les Actes de Leipsik au mois de Juillet de cette année 1695. Le voici tel que je le trouve dans ce Registre : je n'y ai fait mention que des quantités exponentielles du premier degré, ne songeant pas alors à d'autres ; mais la Regle generale précedente de M. Bernoulli s'y trouve démontrée dès ce tems-là : ainsi il ne falloit que penser aux autres degrés d'exponentielles pour les en tirer de même que je fis celles du premier. Je ne songeai point non plus alors à aucune caracteristique de logarithmes : je les appellai par des lettres particulieres dont il faut avouer que la multiplicité embarasse la mémoire ; c'est pour cela que je leur vas substituer la caracteristique l *de M. Bernoulli, c'est-à-dire, que pour exprimer les logarithmes de* a, b, c, &c. *Je dirai* la, lb, lc, &c. *Du reste ce sera la même chose que dans le Registre dont je viens de parler.*

METHODE

POUR TROUVER LES TANGENTES DES COURBES exprimées par des égalités qui ont des exposans indéterminés.

LEMME I.

Le produit fait de l'exposant d'une puissance quelconque, par le logarithme de sa racine, est toujours le logarithme de cette même puissance.

DE'MONSTRATION.

SOit telle puiſſance a^p qu'on voudra, dont la racine a ait la pour logarithme. Je dis que pla eſt le logarithme de cette puiſſance a^p. Car par la nature des logarithmes, la ſomme des logarithmes de pluſieurs grandeurs eſt toujours le logarithme du produit qui en réſulte. Or la puiſſance a^p eſt un produit d'autant de grandeurs a qu'il y a d'unités dans ſon expoſant p. Donc la ſomme faite d'autant de fois le logarithme de a, qu'il y a d'unités dans p, c'eſt-à-dire, le produit pla, eſt le logarithme de la puiſſance a^p. *Ce qu'il falloit démontrer.*

LEMME II.

LE logarithme d'une grandeur variable quelconque, eſt égal à la ſomme des fractions faites de ſa differentielle diviſée par cette grandeur elle-même par ex. Le logarithme de y, *c'eſt* $S\frac{dy}{y}$.

DEMONSTRATION.

SOit ly le logarithme de la grandeur variable y, avec la logarithmique ABC dont l'aſymptote DO. Soit D l'origine des coupées $DE = ly$, les ordonnées $BE = y$, la ſoutangente $EF = a$. L'on aura $BE\ (y)\ .\ EF\ (a) :: BH\ (dy)\ .\ Hb\ (dly) = \frac{ady}{y}$. Donc en intégrant, * $S\frac{ady}{y} = ly$ logarithme de y; & par conſéquent en prenant $a = 1$, l'on aura $S\frac{dy}{y}$ pour le logarithme cherché de la grandeur y. *Ce qu'il falloit démontrer.* *Fig.* 39.

* *Ces grandes* S *ſignifient Sommes.*

COROLLAIRE. I.

SI au lieu de y la grandeur variable dont on cherche

le logarithme, eût été $b+z$, l'on auroit trouvé de même ſon logarithme $= S\frac{adz}{b+z}$ ou $S\frac{dz}{b+z}$; car en prenant y pour $b+z$, ſon logarithme $S\frac{ady}{y}$ ou $S\frac{dy}{y}$, ſe changera en $S\frac{adz}{b+z}$ ou $S\frac{dz}{b+z}$ logarithme de $b+z$.

On le peut encore démontrer immédiatement comme ci-deſſus, en prenant l'ordonnée AD pour la grandeur conſtante b, les BK (terminées par AK paralelle à DO) pour z, & DE pour $\overline{lb+z}$. Car l'on aura encore $BE\,(b+z) . EF\,(a) :: BH\,(dz) . Hb\,(d\overline{lb+z})$ Fig. 40. $= \frac{adz}{b+z}$. De ſorte qu'en intégrant, l'on aura $S\frac{adz}{b+z} = \overline{lb+z}$ logarithme (*hyp.*) de $b+z$, ou en faiſant $a = 1$, l'on aura auſſi $S\frac{dz}{b+z}$ pour le logarithme de cette même grandeur $b+z$.

COROLLAIRE II.

Puiſque le logarithme d'une grandeur variable, vaut la ſomme des fractions de ſa difference diviſée par cette même grandeur,

1°. x^x aura ſon logarithme $= S\frac{x \times x^{x-1} dx}{x^x} = Sdx = x$.

2°. x^{x+p} aura ſon logarithme $= \frac{\overline{x+p} \times x^{x+p-1} dx}{x^{x+p}} = S\frac{\overline{x+p} \times dx}{x} = Sdx + \frac{pdx}{x} = x + S\frac{pdx}{x}$.

3°. $x^3 + ax^2$ aura ſon logarithme $= S\frac{3xxdx + 2axdx}{x^3 + ax^2} = S\frac{3xdx + 2adx}{xx + ax}$.

4°. $x^x + ax^{x-1}$ aura ſon logarithme $= S\frac{x \times x^{x-1} dx + \overline{x-1} \times ax^{x-2} dx}{x^x + ax^{x-1}}$ (diviſant le tout par x^{x-2}) $= S\frac{xxdx + \overline{x-1} \times adx}{xx + ax} = S\overline{dx - \frac{adx}{xx-aa}} = x - S\frac{adx}{xx-ax}$. Et ainſi des autres.

SCHOLIE.

IL est à remarquer que quoique le raport de x à dx soit infini, la fraction $\frac{dx}{x}$ n'est pas zero pour cela; parceque dx est ici censée multipliée par la soutangente a de la logarithmique, laquelle soutangente est ici prise pour l'unité linaire, & non pas numerique; pour x, elle est multipliée par l'unité numérique.

Ainsi $\frac{dx}{x}$ est ici la même chose que $\frac{adx}{x}$: c'est pourquoi l'on peut prendre indifferemment $S\frac{dx}{x}$ ou $S\frac{adx}{x}$ pour le logarithme de x; & ainsi des autres. C'est-à-dire, qu'en prenant a pour la soutangente d'une logarithmique, tous les logarithmes ci-dessus, multipliés par a, seront encore les mêmes; & cette derniere maniere de les exprimer me paroît plus commode en bien des rencontres que celle de ci-dessus.

REMARQUE.

POur ne se pas méprendre entre l'unité linaire & l'unité numérique, il ne faut jamais prendre aucune grandeur continue pour l'unité numérique. Il faut donc par tout ici restituer a pour l'unité qu'on a mise en sa place.

PROBLÊME.

TRouver la soutangente de la courbe dont le lieu est $x^v = y$; *les coupées en sont exprimées par* x, *les ordonnées par* y, *&* v *est un exposant variable comme elles.*

SOLUTION.

PUisque $x^v = y$, l'on aura (*Lem.* 1.) $vlx = ly$. Or (*Lem.* 2.) $lx = S\frac{dx}{x}$, & $ly = S\frac{dy}{y}$. Donc $v \times S\frac{dx}{x} =$

$S\frac{dy}{y}$. Ainsi en différenciant l'on aura $\frac{vdx}{x} + dv \times S\frac{dx}{x} = \frac{dy}{y}$, ou (en prenant lx pour $S\frac{dx}{x}$ logarithme de x) $\frac{vdx}{x} + lxdv = \frac{dy}{y}$. Mais à cause que x & y sont (*hyp.*) données, l'on aura aussi v; & par conséquent dv, par exemple $dv = mdx + ndy$; ce qui donnera aussi m & n. Donc $\frac{vdx}{x} + lx \times mdx + lx \times ndy = \frac{dy}{y}$, ou $\frac{vdx}{x} + lx \times mdx = \frac{dy}{y} - lx \times ndy$; & par conséquent $dx . dy :: \frac{1}{y} - nlx . \frac{v}{x} + mlx$. *Ce qu'il falloit trouver.*

SCHOLIE.

IL est à remarquer (*Lem.* 2.) que dans $S\frac{dx}{x}$, $S\frac{dy}{y}$, la soutangente a de la logarithmique a été faite $= 1$; & que, si on l'eût exprimée, l'on auroit eu $S\frac{adx}{x}$, $S\frac{ady}{y}$, au lieu de $S\frac{dx}{x}$, $S\frac{dy}{y}$, pour les logarithmes de x, y. Le lieu $x^v = y$ auroit donné $v \times S\frac{adx}{x} = S\frac{ady}{y}$; & differenciant $\frac{vadx}{x} + dv \times S\frac{adx}{x} = \frac{ady}{y}$; ou (en prenant encore lx au lieu de $S\frac{adx}{x}$ logarithme de x, & $dv = mdx + ndy$, l'on aura $\frac{vadx}{x} + mlxdx + nlxdy = \frac{ady}{y}$, c'est-à-dire, $\frac{vadx}{x} + mlxdx = \frac{ady}{y} - nlxdy$; ce qui donne encore $dx . dy :: \frac{a}{y} - nlx . \frac{va}{x} + mlx$. *Ce qu'il falloit trouver.*

REMARQUE.

VOici comment M. Leibnitz le démontre dans les Actes de Leipsik du mois de Juillet 1695, pag. 314.

» Nempè sit $x^v = y$, fiet $v \times log - x = log - y$.
» Jam $log - x = S\frac{dx}{x}$, & $log - y = S\frac{dy}{y}$. Ergo $v \times$
» $S\frac{dx}{x} = S\frac{dy}{y}$; quam differenciando, fit $\frac{vdx}{x} + dv \times log$
» $- x = \frac{dy}{y}$. Porrò v debet dari ex x & y, ambobus
» vel singulis. Ergo scribi potest $mdx + ndy = dv$, &
» m pariter atque n dabuntur ex x & y; & prodibit
» $\frac{vdx}{x} + mdx \times log - x = \frac{dy}{y} - ndy \times log - x$; & fiet
» dx ad dy (seu subtang. ad ordinatam) ut y ad $\frac{v}{x} +$
» $m \times log - y$. [*Prenez garde : il faut*, $dx . dy :: \frac{1}{y} -$
$n \times log$

$n \times log - x . \frac{v}{x} + m \times log - x$.] » Itaque habebitur mo-
» dus ducendi tangentem talis curvæ, ex suppositâ
» hyperbole quadraturâ vel logarithmis. Pro genera-
» li autem differenciatione exponentialium sufficit Al-
» gorithmo meo hunc Canonem ascribi. Diff. $x^v =$
» $vx^{v-1}dx + dv \times log - x$.(Il faut : Diff. $x^v = vx^{v-1}dx$
» $+ x_v dv \times log - x$.) Undè si v sit constans numerus, ut
» e, prodit diff. $x^e = ex^{e-1}dx$. Quod est Theorema no-
» stri Algorithmi pro differenciatione potentiarum vel
» radicum, dudum traditum.

AVERTISSEMENT. I.

JE trouve ici dans mon registre qu'*il faut èxaminer ce Canon avec la derniere Analogie ci-dessus.* Pour cette derniere Analogie, il est visible que c'est une faute de calcul ou d'impression, de même que dans le Canon précédent.

Voici la démonstration de ce Canon : sçavoir que diff. $x^v = vx^{v-1}dx + x^v dv \times log - x$. Car soit $x^v = y$, l'on aura $vlx = ly$, & en differenciant $lxdv + vdlx = dly$ ou (*Lem.* 2.) $lxdv + \frac{vdx}{x} = \frac{dy}{y} = \frac{dx^v}{x^v}$. Donc $dx^v = x^v lxdv + vx^{v-1}dx$, ou (dans le langage de M. Leibnitz) diff. $x^v = x^v dv \times log - x + vx^{v-1}dx$. *Ce qu'il falloit démontrer.*

AVERTISSEMENT II.

Voici ce qui suit dans mon Registre.

REMARQUEZ que Nievwentiit ne se sert point de logarithmes lorsque les exposans sont indéterminés, & qu'il les différencie aussi. Par *ex*. pour differencier l'équation $x^v = y$, il feroit $\overline{x + dx}^{v+dv} = y + dy$; ce qui donne $x^{v+dv} + \overline{v + dv} \times x^{v+dv-1} dx$ &c $= y + dy$; & par conséquent $x^{v+dv} + \overline{v + dv} \times x^{v+dv-1} - y$ (x^v)

$= dy$. Mais parceque dv, dx, dy, sont zero par rapport aux grandeurs ausquelles ils sont joints, cette équation se réduit à $x^v - x^v = o$; ce qui est une proposition identique qui, quoique vraie, ne prouve rien. C'est aussi ce que M. Leibnitz trouve en suivant la pratique de M. Nievwentiit. Voici ses paroles dans les Actes de Leipsik au mois de Juillet 1695, pag. 313.

» Ego quoque sum expertus, ut si sit $b^x = y$, positâ b constante, tunc * $b^{x+dx} - b^x = dy$; & hanc » dividendo per b^x, erit $b^{dx} - 1 = \frac{dy}{b^x}$; & pro dx & » dy ponendo o, fit $b^o - 1 = \frac{o}{b^x}$, seu $b^o - 1 = o$, » sed $b^o = 1$, ut constat. Ergo fit $1 - 1 = o$. Sed talis identismus in calculo meo differentiali evitatur. » Interim non diffiteor obtulisse se mihi casus ubi ista » quoque calculandi ratio non prorsus negligenda sit.

* Car $b^x = y$ donne $b^{x+dx} = y + dy$; & en retranchant la premiere égalité de celle-ci, l'on aura $b^{x+dx} - b^x = dy$.

AVERTISSEMENT III.

Jusques-là, c'est ce qui se trouve dans mon Registre sous le titre de Methode pour trouver les tangentes des Courbes exprimées par des égalités qui ont des exposans indéterminés. Voici ce que je trouve encore de ce même calcul dans un autre endroit de ce Registre.

METHODE

POUR TROUVER LES VALEURS DES PUISSANCES dont les seuls exposans sont inconnus, c'est-à-dire, de trouver les exposans inconnus.

DAns la Solution des égalités on n'a cherché jusqu'ici que les racines inconnues, les exposans des puisſances étant toujours ſuppoſés connus. Mais M. Leibnitz dans les Journaux de Leipſik (*1683, &c.*) raiſonnant ſur l'intereſt a rencontré des exemples où tout eſt connu, excepté les expoſans des puiſſances. En voici un qu'il donne dans le Journal de France du lundi 14 Juillet 1692. Sçavoir $c^x = ab^{x-1}$. On demande la valeur de l'expoſant x; & il répond que *ce nombre ſera égal à ce qui provient lorſque le logarithme de* a, *moins le logarithme de* b, *eſt diviſé par le logarithme de* b.

Pour le démontrer, en voici la Methode.

LEMME.

Le produit fait de l'expoſant d'une puiſſance quelconque par le logarithme de ſa racine, eſt toujours le logarithme de cette même puiſſance.

La démonſtration en eſt ici la même que dans la Méthode précédente, c'eſt pour cela que je ne la rapporte point.

Les logarithmes des grandeurs ſe trouvent auſſi exprimées en cet endroit par des lettres particulieres; mais pour une plus grande facilité, nous allons encore les exprimer par la caractériſtique l miſe au devant de ces grandeurs : ainſi la ſignifiera le logarithme de a; de même lx, ly, lz, &c. ſignifieront les logarithmes de x, y, z, &c.

PROBLÊME I.

Soit $c^x = ab^{x-1}$; *on demande l'expoſant* x.

SOLUTION.

Je dis que $x = \frac{la - lb}{lc - lb}$.

DEMONSTRATION.

CAr puisque (*hyp.*) $c^x = ab^{x-1}$, on aura $a . c :: c^{x-1} . b^{x-1}$. Donc par la nature des logarithmes & par le Lemme précédent $la . lc \div \overline{x-1} \times lc . \overline{x-1} \times lb$. Ce qui donne $la + xlb - lb = lc + xlc - lc$, & de là $la - lb = xlc - xlb$. Donc $\frac{la-lb}{lc-lb} = x$. *Ce qu'il falloit démontrer.*

AVERTISSEMENT I.

J'Ajoute qu'en calculant comme dans la Methode des tangentes ci-dessus, cette Démonstration auroit été plus simple.

En effet puisque (*hyp.*) $c^x = ab^{x-1}$, l'on auroit eu (*Lem. 1.*) $xlc = la + \overline{x-1} \times lb = la + xlb - lb$; & par conséquent $xlc - xlb = la - lb$. Donc $x = \frac{la-lb}{lc-lb}$. *Ce qu'il falloit démontrer.*

PROBLÊME II.

Trouver un nombre x *tel que* x^x *soit* $= a$, *&* $x^{x+p} = b$.

SOLUTION.

PUisque la premiere condition du Problême donne $x^x = a$; & par conséquent $1 . x :: x^{x-1} . a$. La nature des logarithmes & le Lemme précédent donneront $l1 . lx \div \overline{x-1} \times lx . la$, en proportion arithmetique. Donc $l1 + la = lx + \overline{x-1} \times lx = xlx$. Et par conséquent 1°. $\frac{l1+la}{lx} = x$, ou 2°. $\frac{l1+la}{x} = lx$.

De même, puisque la seconde condition du Problême donne $x^{x+p} = b$; & par conséquent $1 . x :: x^{x+p-1}$.

b. La nature des logarithmes & le Lemme précédent donneront encore $lz \,.\, lx \div \overline{x+p} - 1 \times lx \,.\, lb$, en proportion arithmétique ; donc $lz + lb = lx + xlx + plx - lx$ ou $lz + lb = xlx + plx$, ou bien encore $lz + lb - plx = xlx$. Et par conséquent 1°. $\frac{lz+lb-plx}{lx} = x$, & 2°. $\frac{lz+lb}{x+p} = lx$.

SOLUTION. I.

DOnc $\frac{lz+la}{lx} = \frac{lz+lb-plx}{lx}$, ou $la = lb - plx$, ou $plx = lb - la$; ce qui donne $lx = \frac{lb-la}{p}$. Ainsi la grandeur cherchée x a pour le logarithme $\frac{lb-la}{p}$, c'est-à-dire, le quotient du logarithme de la raison de b à a, divisé par la partie p donnée du second exposant x. *Ce qu'il falloit trouver.*

SOLUTION II.

DOnc aussi $\frac{lz+la}{x} = \frac{lz+lb}{x+p}$; ce qui donne en faisant évanouir les fractions, $xlz + xla + plz + pla = xlz + xlb$, ou $plz + pla = xlb - xla$. Donc $\frac{plz+pla}{lb-la} = x$. C'est-à-dire que la grandeur cherchée x est égale au quotient du produit du logarithme de a par p, divisé par le logarithme de la raison de b à a. *Ce qu'il falloit trouver.*

AVERTISSEMENT II.

J'Ajoute encore qu'en calculant comme dans la Méthode des tangentes ci-dessus, cette Solution auroit été beaucoup plus simple.

En effet puisque (*hyp*) $x^x = a$, l'on auroit eu $xlx = la$; ce qui auroit donné $x = \frac{la}{lx}$, & $lx = \frac{la}{x}$.

De même puisque (*hyp.*) $x^{x+p} = b$ l'on auroit eu $xlx + plx = lb$; ce qui auroit aussi donné $x = \frac{lb-plx}{lx}$, & $lx = \frac{lb}{x+p}$.

Donc 1°. $\frac{la}{lx} = \frac{lb - plx}{lx}$; ce qui donne $lx = \frac{lb - la}{p}$. Et 2°. $\frac{la}{x} = \frac{lb}{x + p}$; ce qui donne $xla + pla = xlb$, ou $xlb - xla = pla$, & enfin $x = \frac{pla}{lb - la}$. *Ce qui est tout ce qu'il falloit trouver.*

Ces formules ne different des précédentes que de *ll* logarithme de l'unité, lequel étant $= o$ ne devoit pas être compté dans la Solution du Regiſtre, qui fait la premiere de celles-ci.

Le contenu de ces Avertiſſemens 1 (Probl. 1.) *& 2* (Probl. 2.) *ne ſe trouve point dans le Regiſtre ; mais bien tout le reſte avec ce qui ſuit.*

SCHOLIE.

SI l'on eût ſuppoſé $x^{x-p} = b$, ou $x^{-x-p} = b$, ou $x^{-x+p} = b$. On auroit trouvé de même la valeur de x. Comme c'eſt préſentement une choſe aiſée, je ne m'y arrêterai pas davantage.

FIN.

FAUTES A CORRIGER.

Page 5. *ligne* 6. dont l'artifice, *liſez* tout l'artifice.
Page 17, *ligne* 6, mettez à la marge *Fig.* 5.
Page 24, *ligne* 10, mettez à la marge *Fig.* 10.
Page 32, *ligne* 9, PROHLE'ME, *liſez* PROBLE'ME.
Page 76, *ligne* 6, à la marge *Fig.* 32, liſez *Fig.* 31.
Page 77, à la marge *Fig.* 125, ajoutez *des Infin. Petits.*
Page 80, *ligne* 7, à la marge *Fig.* 33, liſez *Fig.* 32.
Page 83, *ligne* 3, à la marge *Fig.* 32, liſez *Fig.* 33.
Page 87, *ligne* 17, à la marge *Fig.* 33, liſez *Fig.* 34. & 35.
Page 88, *ligne* 2, à la marge *Fig.* 34, liſez *Fig.* 34. & 35.
Page 89, *ligne* 4, à la marge *Fig.* 35, liſez *Fig.* 35 *des Infin. Petits.*

De l'Imprimerie de J. QUILLAU, rue Gallande, 1725.

APPROBATION.

J'Ai lû par ordre de Monseigneur le Garde des Sceaux un Manuscrit qui a pour titre *Nouveaux Eclaircissemens sur l'Analyse des Infiniment Petits*, par feu Monsieur Varignon, Professeur de Philosophie au College Royal, & des Académies des Sciences de Paris, de Londre, & de Berlin. J'ai crû que ces Eclaircissemens feroient plaisir au Public & seroient fort utiles. Fait à Paris ce dernier jour d'Avril 1725.

SAULMON.

PRIVILEGE DU ROY.

LOUIS PAR LA GRACE DE DIEU ROY DE FRANCE ET DE NAVARRE : A nos Amez & feaux Conseillers, les Gens tenans nos Cours de Parlement, Maîtres des Requêtes ordinaires de notre Hôtel, Grand Conseil, Prevôt de Paris, Baillifs, Senéchaux, leurs Lieutenans Civils, & autres nos Justiciers qu'il appartiendra, SALUT. Notre bien amé JACQUES ROLLIN Libraire à Paris, Nous ayant fait remontrer qu'il souhaiteroit faire imprimer & donner au Public un Livre qui a pour titre *Nouveaux Eclaircissemens sur l'Analyse des Infiniment Petits*, par feu M. Varignon ; s'il Nous plaisoit lui accorder nos Lettres de Privilege sur ce nécessaires. A CES CAUSES, Voulant traiter favorablement ledit Exposant ; Nous lui avons permis & permettons par ces Présentes de faire imprimer ledit Livre en tels volumes, forme, marge, caractere, conjointement ou séparément, & autant de fois que bon lui semblera ; & de le vendre, faire vendre, & débiter par tout notre Royaume, pendant le temps de huit années consécutives, à compter du jour de la datte desdites Présentes. Faisons défenses à toutes sortes de personnes de quelque qualité & condition qu'elles soient d'en introduire d'impression étrangere dans aucun lieu de notre obéïssance ; comme aussi à tous Libraires-Imprimeurs & autres d'imprimer, faire imprimer, vendre, faire vendre & débiter, ni contrefaire ledit Livre en tout ni en partie, ni d'en faire aucuns extraits sous quelque prétexte que ce soit, d'augmentation, correction, changement de titre ou autrement, ſnas la permiſſion expreſſe & par écrit dudit Expoſant ou de ceux qui auront droit de lui, à peine de confiſcation des Exemplaires contrefaits, de quinze cens livres d'amende contre chacun des contrevenans, dont un tiers à Nous, un tiers à l'Hôtel-Dieu de Paris; l'autre tiers audit Expoſant, & de tous dépens, dommages & interêts: à la charge que ces Préſentes ſeront enregiſtrées tout au long ſur le Regiſtre de la Communauté des Libraires & Imprimeurs de Paris, & ce dans trois mois de la date d'icelles; que l'impreſſion de ce Livre ſera faite dans notre Royaume & non ailleurs, en bon papier & en beaux caracteres, conformément aux Reglemens de la Librairie; & qu'avant que de l'expoſer en vente, le manuſcrit ou imprimé qui aura ſervi de copie à l'impreſſion dudit Livre, ſera remis dans le même état où l'approbation y aura été donnée, ès mains de notre très-cher & féal Chevalier Garde des Sceaux de France le ſieur Fleuriau d'Armenonville, & qu'il en ſera enſuite remis deux Exemplaires dans notre Bibliothéque publique, un dans celle de notre Château du Louvre, & un dans celle de notredit très-cher & féal Chevalier Garde des Sceaux de France le ſieur Fleuriau d'Armenonville; le tout à peine de nullité des Préſentes, du contenu deſquelles vous mandons & enjoignons de faire jouir l'Expoſant ou ſes ayans cauſes pleinement & paiſiblement ſans ſouffrir qu'il leur ſoit fait aucun trouble ou empêchement. Voulons que la copie deſdites Preſentes, qui ſera imprimée tout au long au commencement ou à la fin dudit Livre, ſoit tenue pour dûement ſignifiée, & qu'aux copies collationnées par l'un de nos amez & feaux Conſeillers & Secretaires, foi ſoit ajoûtée comme à l'Original. Commandons au premier notre Huiſſier ou Sergent de faire pour l'execution d'icelles tous Actes requis & néceſſaires ſans demander autre permiſſion, & nonobſtant Clameur de Haro, Chatte Normande & Lettres à ce contraires: Car tel eſt notre plaiſir. DONNÉ à Paris le ſeptiéme jour du mois de Mai l'an de grace mil ſept cent vingt-trois, & de notre Regne le huitiéme. Par le Roi en ſon Conſeil, DE SAINT HILAIRE.

Regiſtré ſur le Regiſtre V. de la Communauté des Libraires & Imprimeurs de Paris, page 257. N°. 527. *conformément aux Reglemens, & notamment à l'Arreſt du Conſeil du* 13 *Août* 1703. *A Paris le* 28 *Mai* 1723. BALLARD, Syndic.

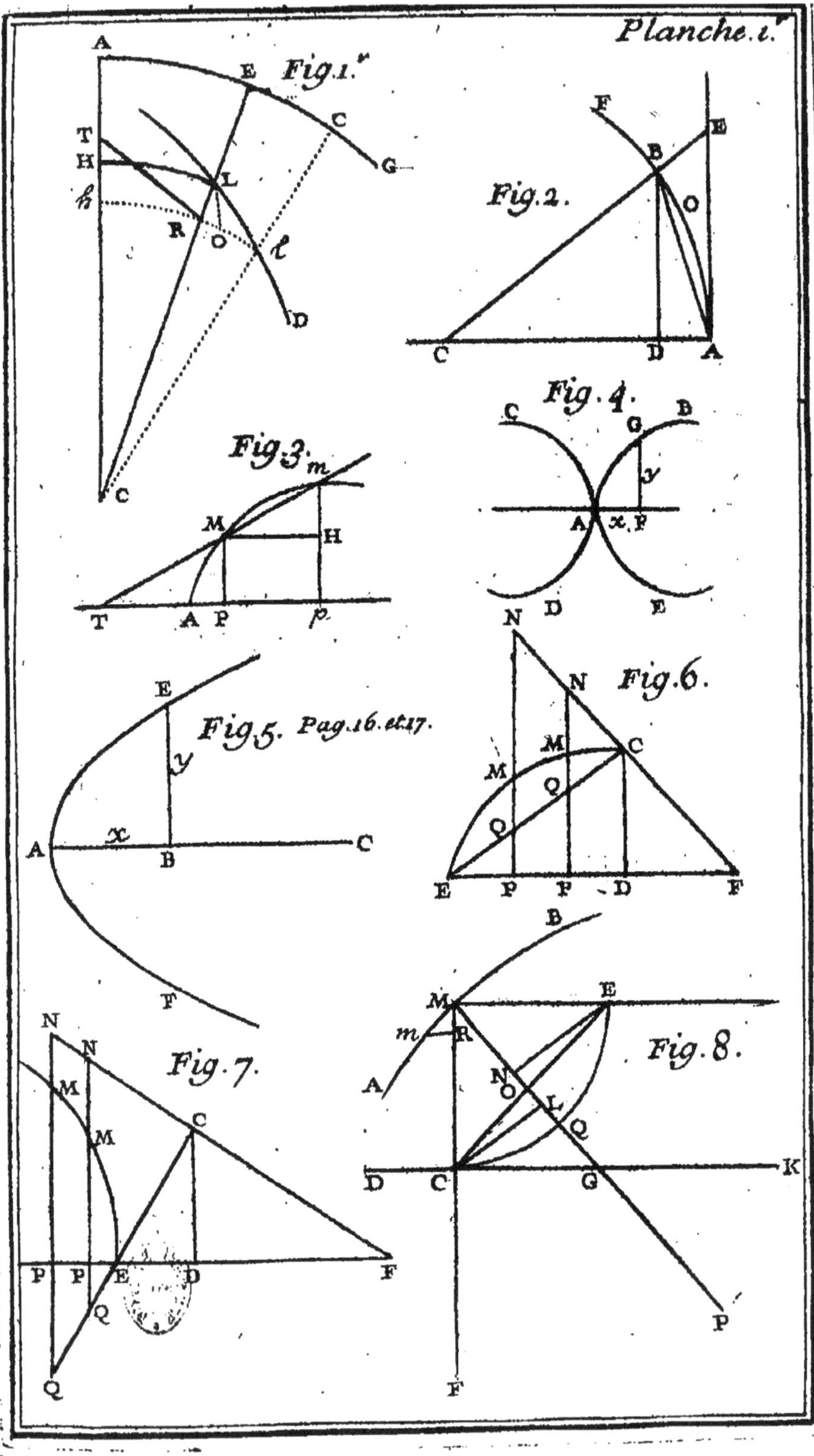
Planche. 1.re
Fig. 1.re
Fig. 2.
Fig. 3.
Fig. 4.
Fig. 5. Pag. 16. et 17.
Fig. 6.
Fig. 7.
Fig. 8.

Pl. 2.e

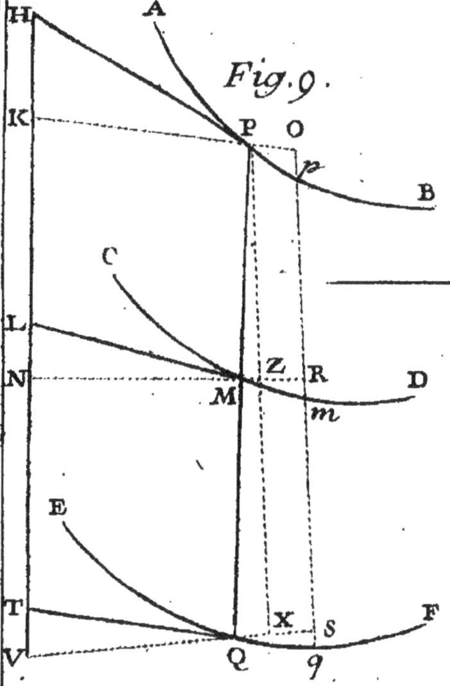

Fig. 9.

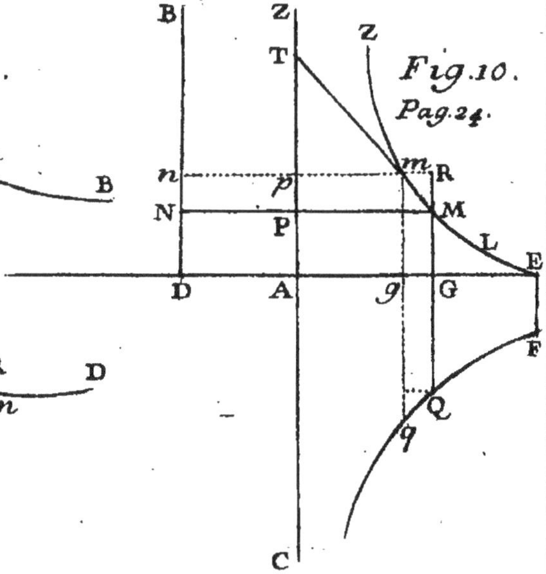

Fig. 10.
Pag. 24.

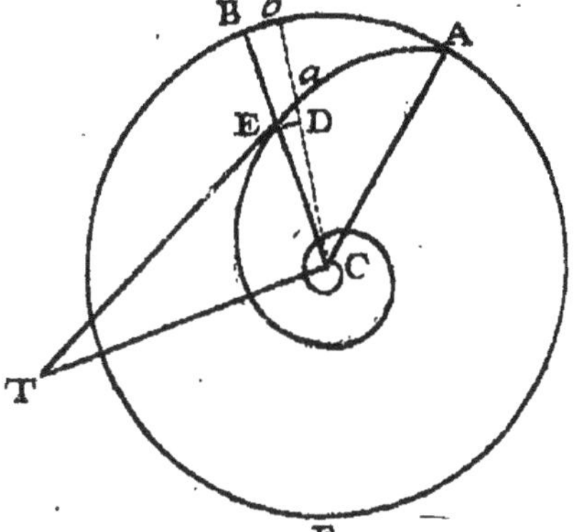

Fig. 12.

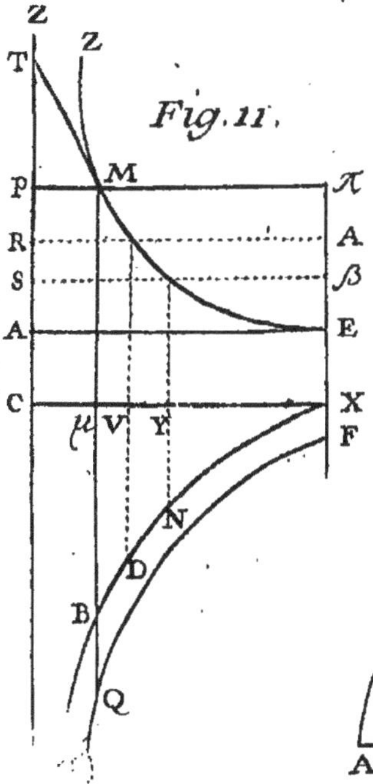

Fig. 11.

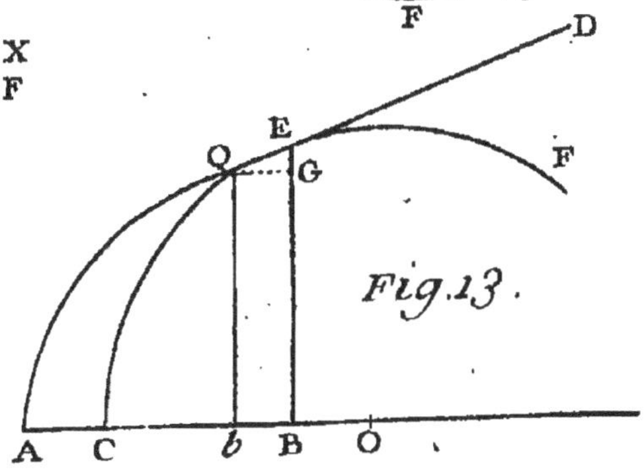

Fig. 13.

Fig. 14

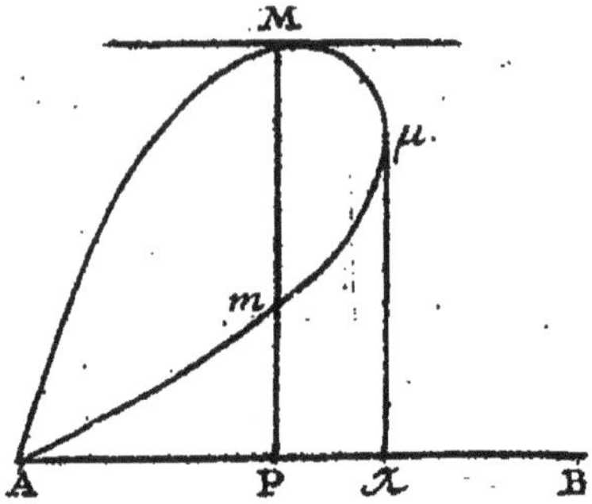

Fig. 15

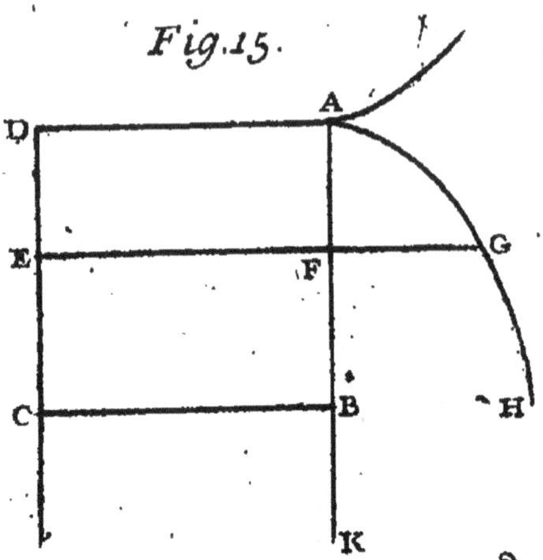

Fig. 16

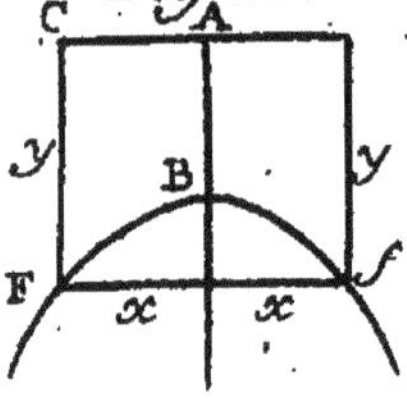

Fig. 17

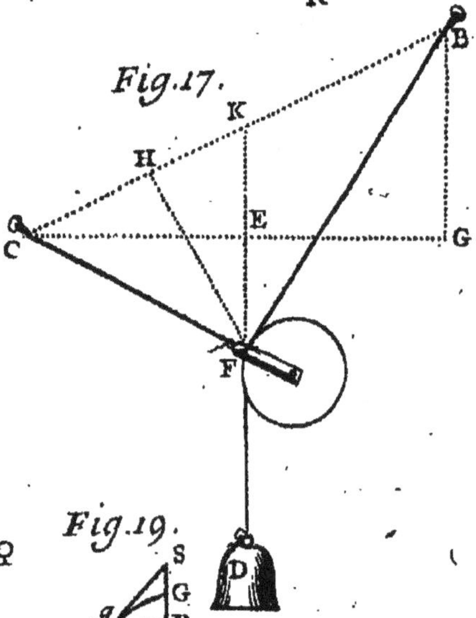

Fig. 18

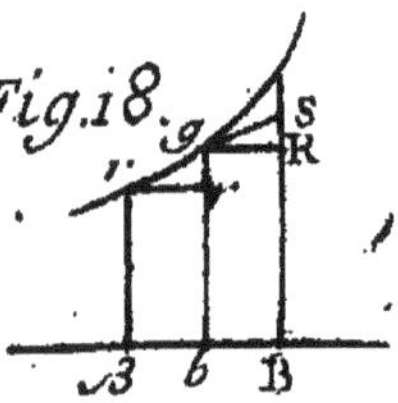

Fig. 19

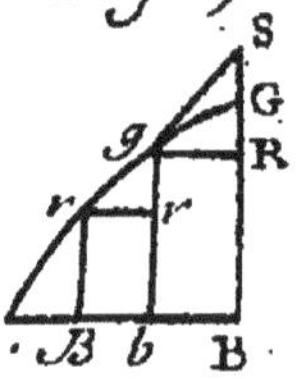

Fig. 20

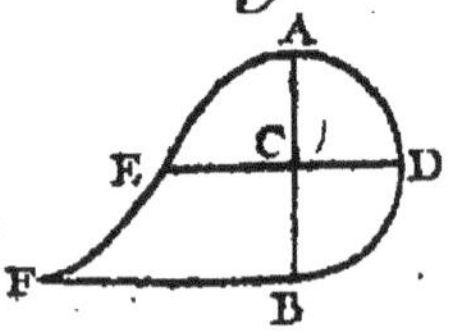

Fig. 21

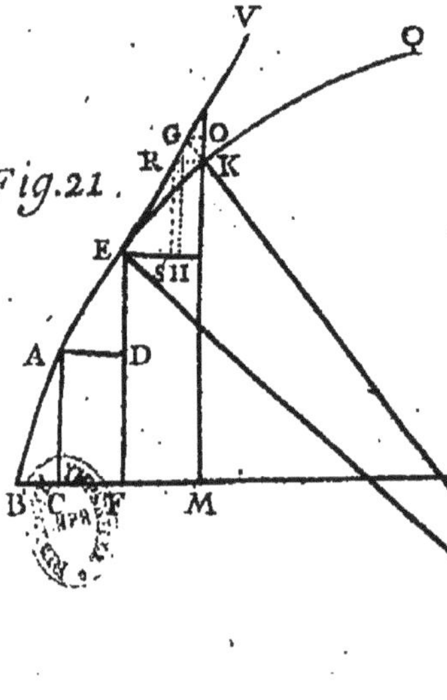

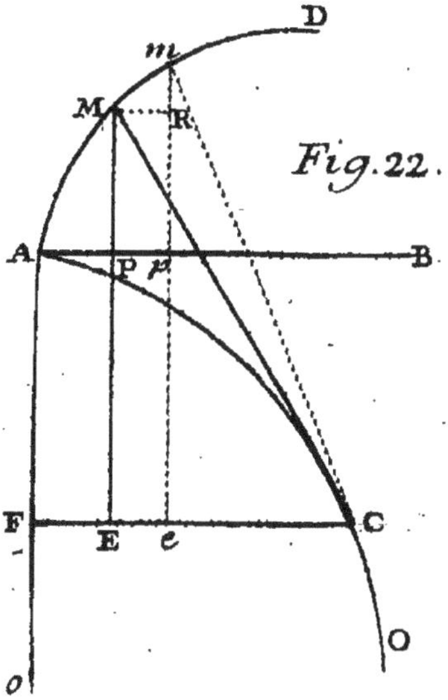

Fig. 22.

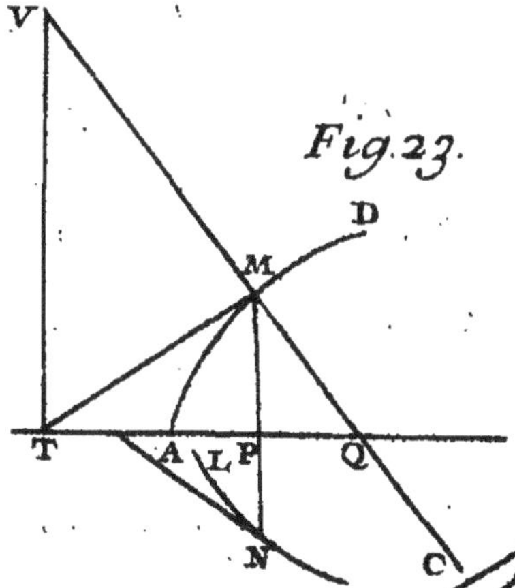

Fig. 23.

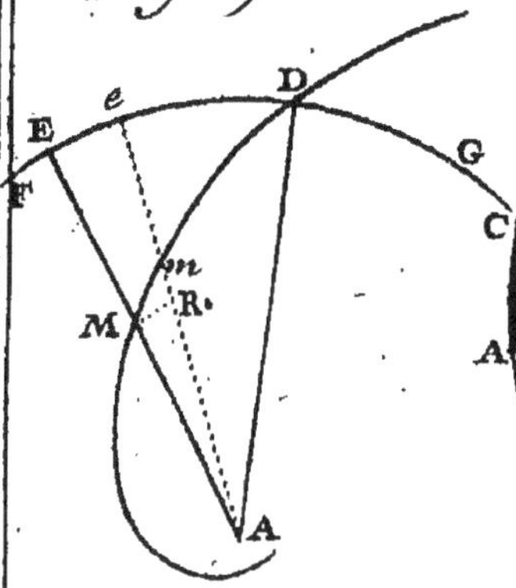

Fig. 24.

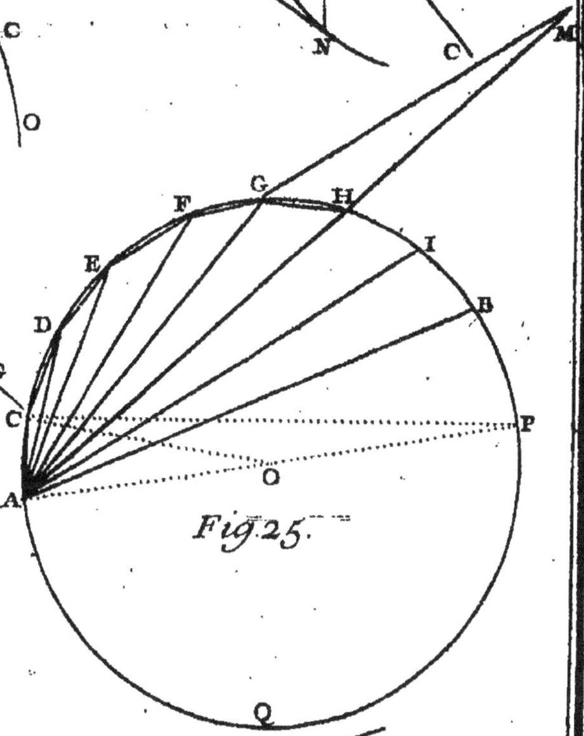

Fig. 25.

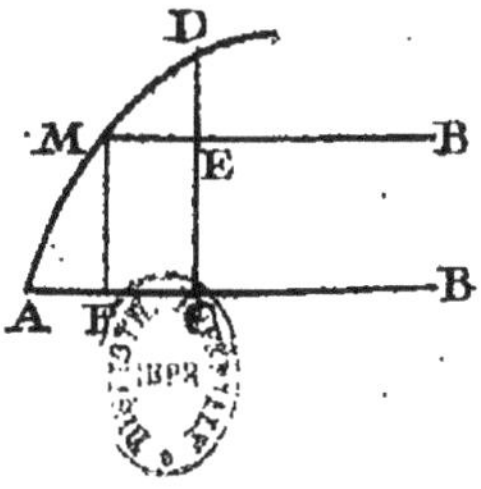

Fig. 26.

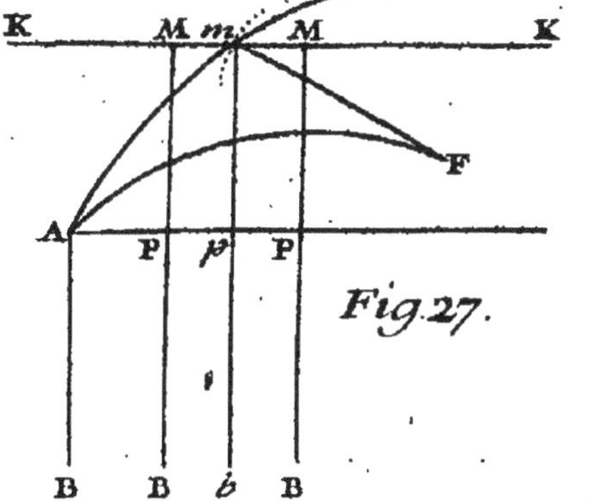

Fig. 27.

Fig. 28.

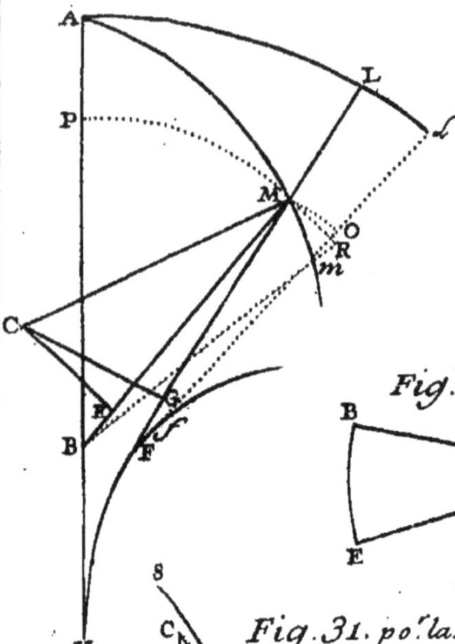

Fig. 29.

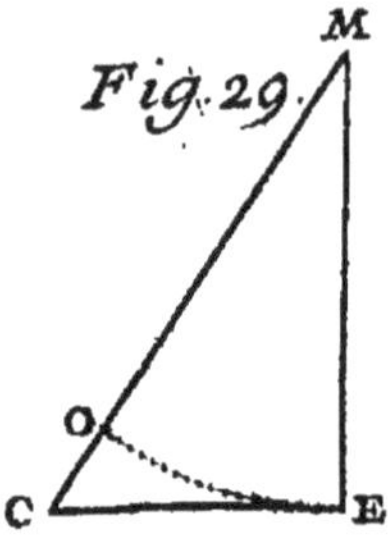

Fig. 30.

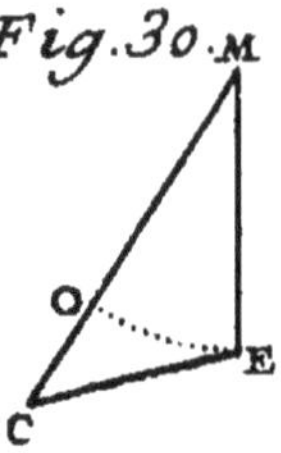

Fig. 32. po.r la Pa. 80.

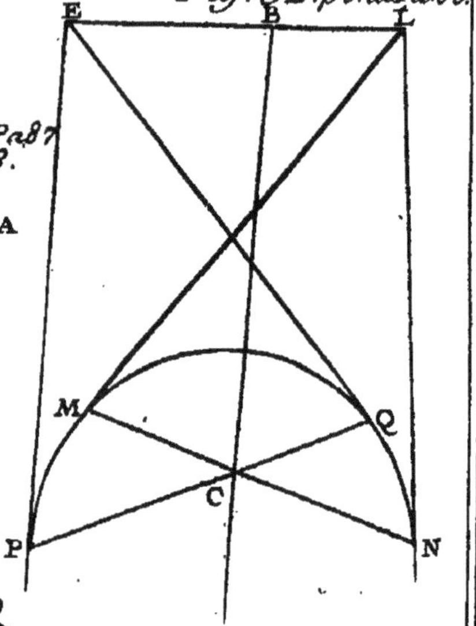

Fig. 34. po.r la Pa. 87 et. 88.

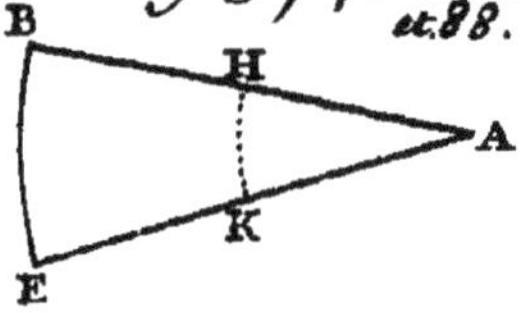

Fig. 31. po.r la Pag. 76.

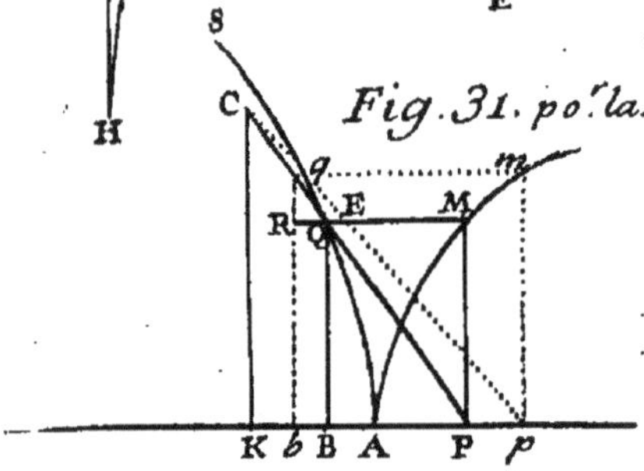

Fig. 35. po.r la Pag. 87. et. 88.

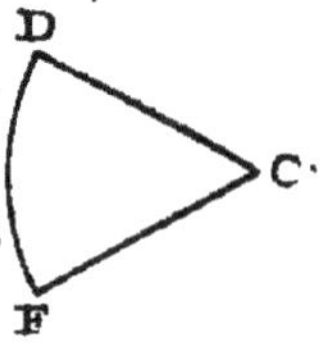

Fig. 33 po.r la Pag. 83.

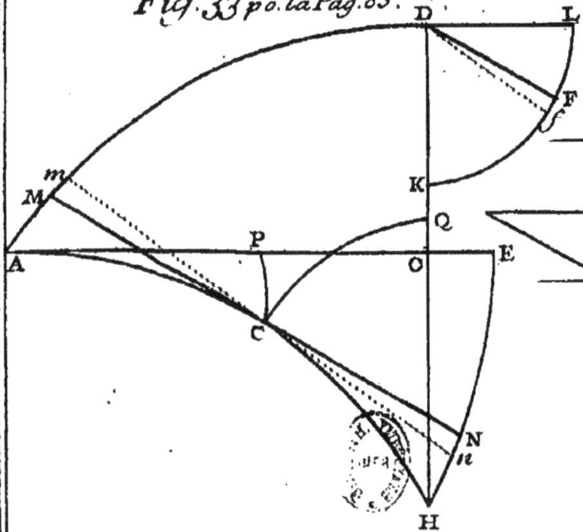

Fig. 36.

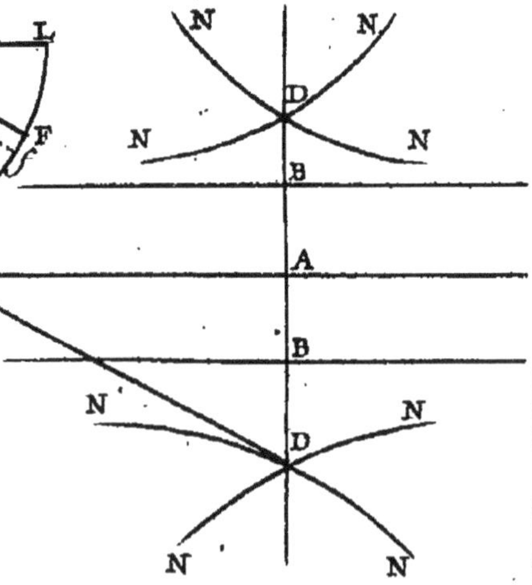

Fig. 37, pour la pag. 90.

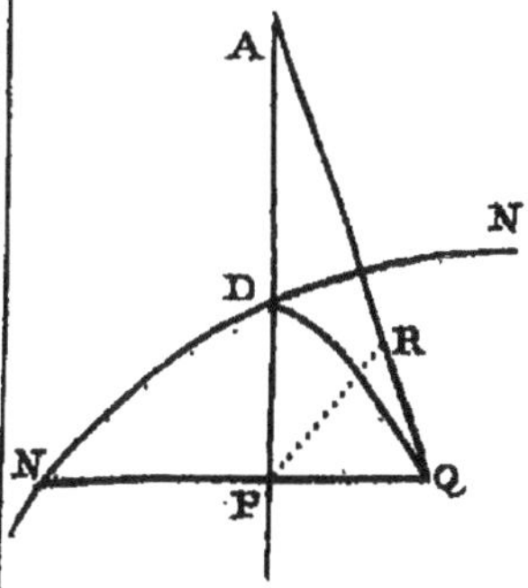

Fig. 38

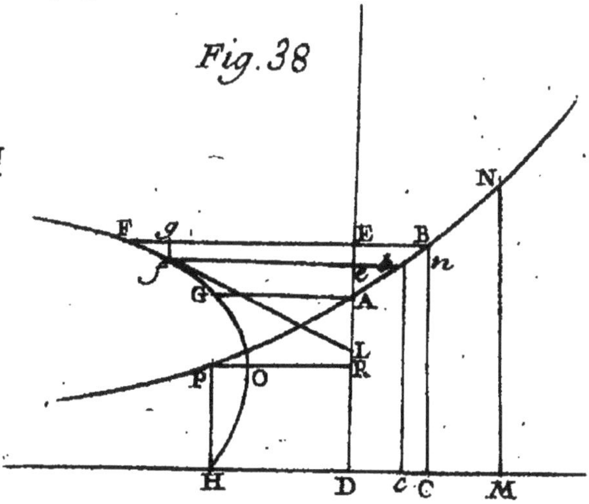

Fig. 39.

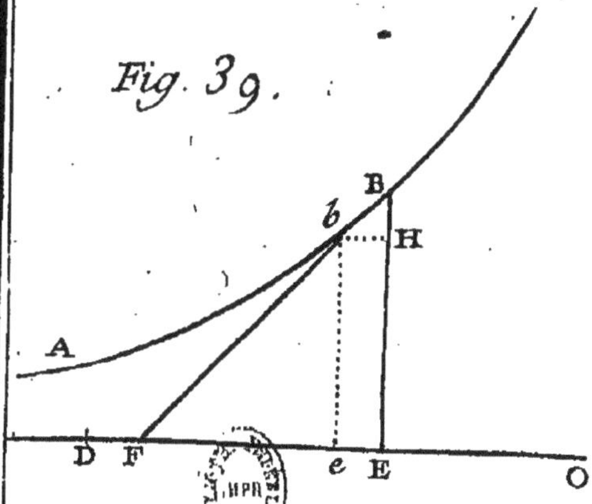

Fig. 40

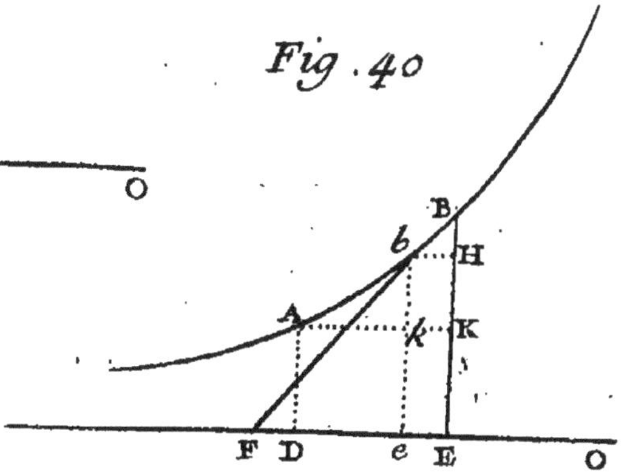

www.ingramcontent.com/pod-product-compliance
Lightning Source LLC
Chambersburg PA
CBHW062040200326
41519CB00017B/5089
9782012157101